史學研究叢書

日治時期臺灣水產關聯產業之研究

王俊昌 著

自序

　　身為從小就長期與海洋接觸的基隆囝仔，潛移默化之下始終對於海洋是嚮往的，是有熱情的，是有想像的。因此，當進入歷史研究領域之際，自然對於海洋史與海洋文化的研究情有獨鍾，而且走來始終如一。2018年臺灣成立海洋委員會，做為海洋政策的統合機關，其中重要業務之一就是海洋文化的推展，而行政當局更進一步在2020年推出「向海致敬」政策，希冀人民「淨海・知海・近海・進海」，走向海洋，這與我長久以來的研究與教學目標「親近海洋・認識海洋・利用海洋・關懷海洋」不謀而合。

　　有關臺灣產業史的研究成果相當豐碩，惟漁業史仍有很大的研究空間，所幸近年來已確實看到不錯的研究主題與成果。本書主要是探討日本時代臺灣水產關聯產業如何發展及其對當時臺灣水產業所做出的貢獻，首先以關聯產業中基礎建設部分——北南兩個重要漁港基隆漁港與高雄漁港，探討基隆漁港產業聚落如何形成及其如何使基隆漁港成為北臺灣最重要漁港，而高雄漁港則說明其在南進政策下所扮演的角色與貢獻。

　　上游關聯產業以製冰冷藏業與動力化漁船造船業說明其如何以一個協力產業去促進水產業的發展，下游關聯產業則以當時重要水產加工製造業——鰹節製造業為例，探討臺灣鰹漁業與鰹節製造業的發展情形，鰹節製造業生產地點的空間位置，以及係日資或臺資掌控鰹節製造業及其貿易權。

　　就方法論來說，科際整合已是人文與社會學科研究的趨勢，歷史

學也不例外。因此，本書仍嘗試使用數量方法──迴歸分析來說明水產關聯產業對水產業的貢獻。

　　本書的出版首先感謝萬卷樓對於本書的肯定，以及不辭辛勞地協助排版與校對。此外，感謝兩位匿名審查者提供寶貴意見，讓本書更佳完善。亦感謝研究路上包括海文所同事等許多貴人的鼓勵，還有海文所畢業校友葉玉雯小姐與海文所曾柔同學在資料的蒐集與整理上給予協助，最後要感謝的是國立臺灣海洋大學提供很好的研究環境與經費補助，讓我在教學與服務外，仍有能量於研究上。

國立臺灣海洋大學人文社會科學院406研究室

目次

自序 …………………………………………………………………… I

目次 …………………………………………………………………… i
表次 …………………………………………………………………… iii
圖次 …………………………………………………………………… vi

第一章　緒論 …………………………………………………… 1
　　第一節　研究動機與目的 ………………………………………… 1
　　第二節　研究回顧 ………………………………………………… 2
　　第三節　研究方法 ………………………………………………… 11
　　第四節　研究構成 ………………………………………………… 17

第二章　基隆漁港產業聚落的形成與發展 …………………… 19
　　第一節　三沙灣漁港的興建 ……………………………………… 20
　　第二節　基隆漁港的興建 ………………………………………… 22
　　第三節　基隆漁港產業聚落的形成 ……………………………… 33
　　第四節　基隆漁港興建的經濟效益——一個數量方法的驗證… 47

第三章　南進政策下高雄漁港的角色 ………………………… 51
　　第一節　高雄漁港的興建 ………………………………………… 51

第二節　水產相關產業的營運‧‧ 67

　　第三節　高雄漁港興建的經濟效益——一個數量方法的驗證‧‧ 77

第四章　臺灣製冰冷藏業的興起‧‧‧‧‧‧‧‧‧‧‧‧‧‧‧‧‧‧‧‧‧‧‧‧‧‧‧‧ 81

　　第一節　日本製冰冷藏業的興起‧‧‧‧‧‧‧‧‧‧‧‧‧‧‧‧‧‧‧‧‧‧‧‧‧‧‧‧‧‧‧‧ 81

　　第二節　臺灣製冰業的發展歷程‧‧‧‧‧‧‧‧‧‧‧‧‧‧‧‧‧‧‧‧‧‧‧‧‧‧‧‧‧‧‧‧ 85

　　第三節　臺灣冷藏業的發展‧‧‧‧‧‧‧‧‧‧‧‧‧‧‧‧‧‧‧‧‧‧‧‧‧‧‧‧‧‧‧‧‧‧‧‧‧‧ 97

　　第四節　一個數量方法的驗證‧‧‧‧‧‧‧‧‧‧‧‧‧‧‧‧‧‧‧‧‧‧‧‧‧‧‧‧‧‧‧‧‧‧ 107

第五章　臺灣造船業的發展
　　　——以動力化漁船為例‧‧‧‧‧‧‧‧‧‧‧‧‧‧‧‧‧‧‧‧‧‧‧‧‧‧‧‧ 111

　　第一節　日本遠洋漁業與造船業的關係‧‧‧‧‧‧‧‧‧‧‧‧‧‧‧‧‧‧‧‧‧‧ 111

　　第二節　臺灣動力化漁船與漁獲量的關係‧‧‧‧‧‧‧‧‧‧‧‧‧‧‧‧‧‧ 119

　　第三節　臺灣動力化漁船造船業的發展‧‧‧‧‧‧‧‧‧‧‧‧‧‧‧‧‧‧‧‧‧‧ 130

第六章　臺灣鰹節製造業的發展‧‧‧‧‧‧‧‧‧‧‧‧‧‧‧‧‧‧‧‧‧‧‧‧‧‧ 153

　　第一節　鰹漁業的發展‧‧ 154

　　第二節　鰹節製造業的發展‧‧‧‧‧‧‧‧‧‧‧‧‧‧‧‧‧‧‧‧‧‧‧‧‧‧‧‧‧‧‧‧‧‧‧‧ 162

第七章　結語‧‧ 193

參考書目‧‧ 199

附錄‧‧ 215

表次

表2-1	基隆港對外貿易入港船隻數	24
表2-2	基隆漁港船澳設備概況	26
表2-3	基隆市漁民住宅建設費	31
表2-4	基隆市漁民住宅用地	32
表2-5	基隆市漁民住宅類別	32
表2-6	基隆市水產關係團體與組合	34
表2-7	基隆市內水產關係會社	35
表2-8	基隆市漁業用物資販賣業者	37
表2-9	基隆市造船及鐵工業者	40
表2-10	1932-1939年基隆市入船町、濱町、社寮町人口數	44
表2-10	1932-1939年基隆市入船町、濱町、社寮町人口數（續1）	46
表2-11	基隆市水產生產總額	48
表3-1	高雄市重要水產相關會社	68
表3-2	昭和14年（1939）7月1日至昭和18年（1943）6月30日拓洋水產株式會社營業收益	73
表3-3	1936-1941年度鐵道部冷藏貨車的新製造與報廢	75
表3-4	1938-1939年由高雄港出口之鮮魚介量額	76
表3-5	昭和12年（1937）5月高雄港動力漁船船東籍別及從事漁業之種類	77
表3-6	高雄魚市場魚獲交易量	79
表4-1	1923-1936年度日本水產冷藏獎勵金額	84

表4-2	1926-1933年臺灣製冰產值	92
表4-3	1933年1月臺灣製冰工場及製冰能力	93
表4-4	1925年臺灣冷藏業概況	101
表4-5	1902-1942年臺灣漁獲額	108
表4-6	1896-1941年臺灣鮮魚出口量	110
表5-1	日本遠洋漁業獎勵費歷年支出額	114
表5-2	日治時期臺灣漁船種類及其數量	120
表5-3	1902-1943年漁撈業漁獲額產值	122
表5-4	臺灣總督府歷年水產試驗、調查與獎勵費	125
表5-5	1929年臺灣有關漁船修造船場概況	132
表5-6	1929-1940年臺灣有關漁船修造船場概況	137
表5-7	1935年臺灣有關漁船修造船場概況	138
表5-8	1939年臺灣有關漁船修造船場概況	140
表5-9	1929年臺灣有關石油發動機修理工場概況	147
表5-10	1939年臺灣有關石油發動機修理工場概況	148
表6-1	1922-1943年臺灣鰹節占水產製品總生產額比例	153
表6-2	日本各年度有關鰹漁業連絡試驗和協定府縣	157
表6-3	1912-1943年鰹魚總產量與價額	160
表6-4	日治前臺灣水產製品	162
表6-5	1913-1919年臺灣總督府對鰹節製造業的獎勵補助狀況	164
表6-6	1928年臺灣鰹節製造業現況	167
表6-7	1928年日本各地產鰹節品味及其比例	168
表6-8	1928年日本各地產鰹節交易價格狀況	168
表6-9	1910-1943年臺灣鰹節產量及價額	170
表6-10	1919年臺灣鰹節製造業概況	173
表6-11	1928年臺灣鰹節製造業概況	175

表6-12	1931-1943年各州廳真鰹節工場數與生產量價及其比例	182
表6-13	1931-1943年各州廳惣田鰹節工場數與生產量價及其比例	184
表6-14	1931-1943年各州廳鰹節工場數與生產量價及其比例	185
表6-15	1897-1943年重要水產移出貿易商品比例	188
表6-16	臺灣產鰹節移出商	189
表6-17	臺灣產鰹節日本主要交易商	189
附表1	1930年臺灣有關漁船修造船場概況	215
附表2	1931年臺灣有關漁船修造船場概況	217
附表3	1932年臺灣有關漁船修造船場概況	218
附表4	1934年臺灣有關漁船修造船場概況	220
附表5	1936年臺灣有關漁船修造船場概況	221
附表6	1937年臺灣有關漁船修造船場概況	223
附表7	1938年臺灣有關漁船修造船場概況	226

圖次

圖3-1 淺野總一郎在打狗地區共購置43筆土地之清單及略圖 ……… 55
圖3-2 淺野總一郎所擬埋立地規劃圖 ………………………………… 56
圖6-1 惣田鰹魚產量趨勢圖（1916-1943）………………………… 159
圖6-2 真鰹魚產量趨勢圖（1916-1943）…………………………… 160
圖6-3 真鰹節製造量趨勢圖（1910-1943）………………………… 171
圖6-4 惣田鰹節製造量趨勢圖（1910-1943）……………………… 172

第一章
緒論

第一節　研究動機與目的

　　臺灣為一座四面環海的島嶼，海洋資源與海洋活動成為臺灣相當重要的資源之一，因此歷代在臺政權無不注意此點，海洋政策的擬訂、海洋資源的開發、以及海上交通與貿易等成為政府的重要施政。當今政府仍喊出海洋立國及海洋興國的口號，更不難看出海洋對於臺灣的重要性。2018年臺灣成立海洋委員會，做為海洋政策的統合機關，其中重要業務之一就是海洋文化的推展，2020年行政當局更進一步提出「向海致敬」的政策。既然海洋對於臺灣這麼重要，因此有關海洋史的研究自1980年代以來漸被學者所重視，研究成果也相當豐富，惟在漁業史方面的研究斯乎沒有受到太多的重視。

　　戴寶村曾在〈臺灣海洋史的新課題〉中，提出所謂「海洋生業」概念，即強調漁業歷史與文化的重要性。其認為：「臺灣俗諺中有『靠山吃山，靠海吃海』一詞，魚不僅成為臺灣歷史變遷的見證者，也是漁民生計的來源，甚至影響到與海洋相關人民的自然活動、人群結構和文化概念等，故從漁業史也可以看到臺灣歷史的另一個面相。」[1]

　　前行政院農業委員會漁業署長胡興華1996年所著《拓漁臺灣》一書，其序中談到：「數百年以來，臺灣漁業一直為大眾所忽視，有關漁業的發展，漁民的照顧，較諸其他產業相去甚遠。回首過去，漁業

---

[1] 戴寶村，〈臺灣海洋史的新課題〉，《國史館館刊》復刊第36期（2004年6月），頁32-33。

失落的很多。臺灣是一個海島，先民與漁業的關係密不可分，而臺灣漁業歷史文化資產卻少有人關心，令人惋惜。」因此胡興華除了呼籲、建議歷史文化界能對漁業史有所正視之外，本身也著文探討臺灣漁業史，期盼能達到拋磚引玉之目的。[2]

做為臺灣史或臺灣海洋史或臺灣經濟史一環的臺灣漁業史，相較於前三者的研究成果，可據祝平一2001年研究回顧所稱的「破鏡零史」來形容，有關的研究也主要在戰後臺灣漁業史的部分，或許從經濟的角度來看，漁業並非臺灣的重要產業，相應於其在臺灣經濟史上的邊緣性，相關研究也因而寥若晨星。[3]林玉茹、李毓中在其2004年所編著的《戰後臺灣的歷史學研究1945-2000》第七冊《臺灣史》中，更不諱言「漁業研究最少。」[4]即使至今二十餘年過去了，漁業史的研究相對來說雖已獲得關注，然鳳毛麟角，仍有很大的發展空間，本書即是探討日治時期臺灣水產關聯產業如何發展及其對當時臺灣水產業所做出的貢獻。

希冀本書能對臺灣海洋史、臺灣產業史研究的廣度與深度，帶來成果。本書亦運用新經濟史方法檢視日治時期臺灣水產關聯產業，當可增加新經濟史研究成果。

第二節　研究回顧

戰後至今有關臺灣漁業史的專書，僅有內藤春吉、許冀武編著的《臺灣漁業史》、臺灣銀行經濟研究室編輯屬論文集性質的《臺灣之

2　胡興華，《拓漁臺灣》（臺北市：臺灣省漁業局，1996年），頁8。
3　祝平一，〈破鏡零史──戰後臺灣漁業史研究之回顧〉，《新史學》第12卷第2期（2001年6月），頁195-231。
4　林玉茹、李毓中編著，《戰後臺灣的歷史學研究1945-2000》（臺北市：行政院國家科學委員會，2004年），第七冊《臺灣史》，頁123。

水產資源》、《臺灣漁業之研究》、臺灣省文獻委員會先後出版的《臺灣省通志稿・經濟志・水產篇》、《臺灣省通誌・經濟志・水產篇》、《重修臺灣省通志・經濟志・漁業篇》以及胡興華的《拓漁臺灣》等，其探討重點皆為戰後臺灣的漁業發展，日治時期之敘述只能說是背景說明與介紹。[5]

真正專文研究日治時期的著作在2000年以前有梁潤生〈光復以前臺灣之水產業〉、周憲文〈日據時代臺灣水產經濟〉，惟二者偏向傳統經濟史的敘述且過於簡略，而其所列的統計表也沒有進一步分析，甚是可惜。[6]具學術性著作則是朱德蘭利用長崎泰益號文書，討論日治時期臺灣海產的流通，並指出長崎泰益號與基隆批發行之間的往來，以海產批發商居多。這些批發商大多於1910年代後與泰益號建立貿易關係，進口海產。[7]此兩篇文章是朱德蘭研究長崎泰益號的研究成果之一。

---

5 內藤春吉、許冀武編著，《臺灣漁業史》，臺北市：臺灣銀行，1957年，臺灣研究叢刊第42種。臺灣經濟研究室編輯，《臺灣之水產資源》，臺北市：臺灣銀行，1951年，臺灣研究叢刊第13種。臺灣經濟研究室編輯，《臺灣漁業之研究》，臺北市：臺灣銀行，1974年，臺灣研究叢刊第112種。葉屏侯纂修，《臺灣省通志稿・經濟志・水產篇》，臺北市：臺灣省文獻委員會，1955年。金成前纂修，《臺灣省通誌・經濟志・水產篇》，臺北市：臺灣省文獻委員會，1969年。高育仁等編纂，《重修臺灣省通志・經濟志・漁業篇》，臺中市：臺灣省文獻委員會，1993年。胡興華，《拓漁臺灣》，臺北市：臺灣省漁業局，1996年。胡興華，《臺灣漁會譜》，臺北市：臺灣省漁業局，1998年。胡興華，《話漁臺灣》，臺北市：行政院農業委員會漁業署，2000年。胡興華，《海洋臺灣》，臺北市：行政院農業委員會漁業署，2002年。胡興華，《躍漁臺灣》，臺北市：行政院農業委員會漁業署，2004年。

6 梁潤生，〈光復以前臺灣之水產業〉，收錄於臺灣經濟研究室編輯，《臺灣之水產資源》，頁71-106。周憲文，〈日據時代臺灣水產經濟〉，《臺灣銀行季刊》第9卷第4期（1959年12月），頁105-122。

7 朱德蘭，〈日據時期長崎華商泰益號與基隆批發行之間的貿易〉，收錄於張彬村、劉石吉主編，《中國海洋發展史論文集》（臺北市：中央研究院中山人文社會科學研究所，1993年），第5輯，頁439-446。朱德蘭，〈日據時期臺灣與長崎之間的貿易：以海產品雜貨貿易為例〉，收錄於賴澤涵、于子橋主編，《臺灣與四鄰論文集》（桃園縣：國立中央大學歷史研究所，1998年），頁17-30。

2000年後已有更多研究者注意到臺灣漁業史此一領域，朱德蘭發表上文後，另為文探討日治時期基隆社寮島（按：今和平島）沖繩人的漁民生活。[8]繼朱德蘭之後，林玉茹提出〈戰時經濟體制下臺灣東部水產業的統制整合——東臺灣水產會社的成立〉與〈殖民與產業改造——日治時期東臺灣的官營漁業移民〉兩篇論文，其重點在於從東臺灣水產會社的成立與臺灣總督府官營漁業移民政策二個角度，說明東臺灣水產業的發展，並進一步認為水產業的發展有助於東臺灣整體經濟的成長。[9]西村一之自1996年9月之後陸續來到臺灣臺東縣成功鎮進行日本漁業移民實地田野調查研究，先後將其研究成果發表，並於2005年總結先前研究及發表成果完成博論〈臺灣東部漁民社會民族誌之研究——以圍繞近海鏢旗魚漁業導入與展開為中心人的關係〉，西村以文化人類學視角探究在臺灣東部的港市形成、近海漁業開發、漁業技術移轉、日本漁業移民及鏢旗漁船長所扮演的角色與功能、漁撈民俗等議題。[10]

---

[8] 朱德蘭，〈基隆社寮島的石花菜與琉球人的村落（1895-1945）〉，收錄於《第11回琉中歷史關係國際學術會議論文集》（沖繩縣：琉球中國關係國際學術會議，2008年），頁217-249。朱德蘭，〈基隆社寮島の沖繩人集落〉，收錄於上里賢一、平良妙子編，《東アジアの文化と琉球・沖繩：琉球／沖繩・日本・中國・越南》（東京都：彩流社，2010年），頁49-77。

[9] 林玉茹，〈戰時經濟體制下臺灣東部水產業的統制整合——東臺灣水產會社的成立〉，《臺灣史研究》第6卷第1期（1999年6月），頁59-62。林玉茹，〈殖民與產業改造——日治時期東臺灣的官營漁業移民〉，《臺灣史研究》第7卷第2期（2000年12月），頁51-93。林玉茹另有一篇使用清代至日治初期的各種史料，重現臺灣海產的進出口狀態，證明最遲19世紀臺灣海產業已是進口導向的貿易型態，並從消費、生產、以及市場等需求和供給面向，解釋這種現象的產生。參見林玉茹，〈進口導向：十九世紀臺灣海產的生產與消費〉，《臺灣史研究》第25卷第1期（2018年3月），頁39-100。

[10] 西村一之，〈台湾東部における漁民社会の民族誌の研究——近海メカジキ突棒漁業の導入と展開をめぐる人的関係を中心として——〉，筑波：筑波大學人文社會科學研究科博士論文，2005年。有關西村一之相關文章之分析，可參見蔡昇璋，

李宗信〈日治時代小琉球的動力漁船業與社會經濟變遷〉，探討小琉球漁船動力化與技術移轉、漁業移民、水產教育等問題。[11]王俊昌〈日治時期臺灣水產業之研究〉，探討水產行政、水產業的發展、水產運銷制度與水產貿易、漁民生計等議題。[12]

　　蔡昇璋〈興策拓海：日治時代臺灣的水產業發展〉以帝國整體水產業發展切入觀察、相互比對，殖民地臺灣在此日本統治時期的水產業如何發展、因應及調整。尤其從準戰時階段，進入戰時體制，帝國與臺灣密集展開「南支南洋」水產調查，從而發展出以「南支、外南洋」拖網、機船底曳網為主，及以「內南洋」鮪旗延繩漁業為主的兩大「帝國生命線」遠洋漁業發展軸線。蔡昇璋亦將其博論章節進行修改後發表，例如其中〈1930-1940年代臺灣總督府與日商企業集團南進環中國海的漁業活動〉即在說明日本三大漁業資本會社「日魯漁業株式會社」、「共同漁業株式會社」（按：後改組「日本水產株式會社」）、「株式會社林兼商店」等企業集團，是如何在臺灣及海外競爭合作，尤其是在戰時「水產統制令」頒布後，其在南支南洋的競合。[13]

　　陳德智〈日治時期臺灣總督府海洋漁業調查試驗事業之研究〉則將臺灣海洋漁業調查試驗事業，與日本漁業基本調查及日本海洋漁業

　　〈興策拓海：日治時代臺灣的水產業發展〉，臺北市：國立政治大學台灣史研究所博士論文，2017年，頁17-19。
11　李宗信，〈日治時代小琉球的動力漁船業與社會經濟變遷〉，《臺灣文化研究所學報》第2期（2005年1月），頁67-113。
12　王俊昌，〈日治時期臺灣水產業之研究〉，嘉義縣：國立中正大學歷史學系博士論文，2006年。
13　蔡昇璋，〈興策拓海：日治時代臺灣的水產業發展〉，臺北市：國立政治大學台灣史研究所博士論文，2017年。蔡昇璋，〈1930-1940年代臺灣總督府與日商企業集團南進環中國海的漁業活動〉，收錄於蕭碧珍、石瑞彬編輯，《第12屆臺灣總督府檔案學術研討會論文集》（南投縣：國史館臺灣文獻館，2023年），頁267-300。

聯絡試驗納為一體討論。[14]黃馨瑩〈日治初期水產政策的推動：水產博覽會對臺灣水產業的影響（1895-1910）〉，以水產博覽會做為研究主題，分析探討其對日治初期臺灣水產政策的推動及其對於臺灣水產業的影響。[15]梁雅惠〈日本統治臺灣時期漁船遭難之研究〉一文，蒐集《臺灣日日新報》所記載之漁船遭難新聞，將重點放在漁船遭難及預防與救助上。[16]

陳世芳〈日治時期臺灣總督府水產南進政策——以在菲律賓之發展為例〉先簡述20世紀前期菲律賓、日本、臺灣等地漁業發展概況後，接著說明有關漁業問題日菲關係上的重要議題及法案，最後針對最核心問題——即在臺灣總督府一貫推動的南支南洋政策下，對於後續在菲律賓周遭海域所進行的漁業活動所造成的雙邊關係之影響進行探討。[17]陳凱雯〈日治時期南方澳漁港之興建〉利用相關史料重新爬梳整理當時的築港決策與施工經過，以及完工後的問題，探究日治時期南方澳漁港的築港政策與其影響。[18]

地區性的漁業發展史方面，除了朱德蘭、林玉茹的論文之外，在各縣市鄉鎮志中，依其漁業在該地的重要性，而有不同的篇幅，例如

---

14 陳德智，〈日治時期臺灣總督府海洋漁業調查試驗事業之研究〉，臺北市：國立臺灣師範大學歷史學系博士論文，2019年。
15 黃馨瑩，〈日治初期水產政策的推動：水產博覽會對臺灣水產業的影響（1895-1910）〉，臺北市：國立臺灣師範大學歷史學系碩士論文，2011年。
16 梁雅惠，〈日本統治臺灣時期漁船遭難之研究〉，桃園縣：國立中央大學歷史研究所碩士論文，2013年。
17 陳世芳，〈日治時期臺灣總督府水產南進政策——以在菲律賓之發展為例〉，收錄於蕭碧珍、石瑞彬編輯，《第12屆臺灣總督府檔案學術研討會論文集》（南投縣：國史館臺灣文獻館，2023年），頁209-240。
18 陳凱雯，〈日治時期南方澳漁港之興建〉，收錄於林正芳主編，《2021南方澳漁港百週年國際學術研討會專輯》（宜蘭縣：宜蘭縣立蘭陽博物館，2021年），頁157-178。

《基隆市志・經濟志・漁業篇》即以單本發行[19]，而大部分縣市鄉鎮志中有關漁業或水產的敘述，皆與其他產業合志或合篇，甚至合章來敘述。然無論以何種方式出版，惟關於日治時期部分仍著墨有限。其他已出版的專書如王崧興《龜山島──漢人漁村社會之研究》、李明仁、江志宏《東北角漁村的聚落和生活》、陳立臺《南寮漁村史》、何權浤等人所著《海門漁帆──基隆漁業發展專輯》以及陳憲明等人所著《崁仔頂──魚行與社群文化》也是如此，惟陳文對日治時期基隆地區漁業產銷部分有較詳細的分析，是其特點。[20]

其他博碩士論文部份，儘管他們多從地理學（如：李明燕1984、徐君臨1988、江麗音1991、吳麗玲1994、張怡玲1997、王柏山1998）、環境生態學（卓輝星1992、游博婷1994）、人類學（吳福蓮1989）以及社會學（曾瑪莉1983）等角度來探討，但對日治時代依然未多加重視，在此不多加贅述。[21]

近年來「濱海社會（littoral society）」成為學者關心的議題，惟現階段較多的是文化產業／文創產業／地方創生等面向的研究成果。[22]整體來說，對於漁村的歷史與社會的觀察，或漁業生計對於社會結構、人群、文化的影響之論述，則較為缺少，前述朱德蘭〈基隆社寮島的

---

19 劉松樹編纂，《基隆市志・漁業篇》，基隆市：基隆市政府，1986年。李國添，《基隆市志・經濟志・漁業篇》，基隆市：基隆市政府，2002年。
20 王崧興，《龜山島──漢人漁村社會之研究》，臺北市：中央研究院民族學研究所，1967年。李明仁、江志宏，《東北角漁村的聚落和生活》，臺北縣：臺北縣立文化中心，1995年。陳立台，《南寮漁村史》，新竹市：新竹市立文化中心，1998年。何權浤等著，《海門漁帆──基隆漁業發展專輯》，基隆市：基隆市立文化中心，1986年。陳憲明等著，《崁仔頂──魚行與社群文化》，基隆市：基隆市立文化中心，1998年。
21 可參見王俊昌，〈日治時期臺灣水產業之研究〉，頁4。
22 例如莊育鯉，〈地域特色產業形象再造──以基隆和平島平寮里石花凍包裝設計為例〉，《海洋文化學刊》第27期（2019年12月），頁93-123。王俊昌，〈基隆市八斗子魚寮文化及其文創商品設計〉，《海洋文化學刊》第28期（2020年6月），頁211-236。

石花菜與琉球人的村落（1895-1945）〉屬於此類研究成果。此外，王俊昌〈日治時期社寮島的漁業發展與漁民生活〉說明舊稱社寮島的和平島原為一傳統漁村，使用著傳統漁法，進入日治時期在漁業現代化之際，傳統漁業其漁法漁具有了改良，也帶來漁業的整體成長，當然亦使得當地漁民漁戶所得大致上已脫離糊口的年代，有較好的生活水平，並進一步說明漁民在漁村社會的生活世界。[23]

　　上述研究成果，較少關注到水產業的關聯產業上。任何漁業活動都需要投資，漁業投資與其他產業一樣，都有加乘作用。漁業投資本身除可創造就業機會，增加生產力，尚可帶動其關聯產業的發展，例如修造船業、製冰及冷藏業、機械及航儀製造業、漁具製造業、物資補給及金融服務業、飼料加工業、漁產加工（水產製造）及運銷業。漁業發展由其本身及所帶動的關聯產業所形成的經濟體系，對一個國家的整體經濟發展皆有很大的貢獻。[24]

　　本書主要探討臺灣水產業關聯產業中基礎建設部分──北南兩個重要漁港基隆漁港與高雄漁港，探討基隆漁港產業聚落如何形成及其如何使基隆漁港成為北臺灣最重要漁港，而高雄漁港則說明其在南進政策下所扮演的角色與貢獻。上游關聯產業則以製冰冷藏業與動力化漁船造船業說明其如何以一個協力產業去促進水產業的發展，下游關聯產業則以當時重要水產加工製造業──鰹節製造業為例，探討臺灣鰹漁業與鰹節製造業的發展情形。

　　有關基隆港與高雄港築港的研究成果相當多，在此不加贅述。[25]

---

23 王俊昌，〈日治時期社寮島的漁業發展與漁民生活〉，《海洋文化學刊》第26期（2019年6月），頁55-99。
24 盧向志，《細說漁業》（基隆市：國立海洋科技博物館籌備處，2000年），頁43。
25 基隆築港的研究成果有：呂月娥，〈日治時期基隆港口都市形成歷程之研究〉，桃園縣：中原大學建築研究所碩士論文，2001年。陳凱雯，〈日治時期基隆的都市化與地方社會〉，桃園縣：國立中央大學歷史研究所碩士論文，2005年。陳凱雯，〈日治

基隆漁港與高雄漁港的相關研究成果，基隆漁港有吳沛穎〈日治時期基隆漁港產業聚落空間的構成〉認為基隆漁港聚落規劃兼顧了產業、行政、民生、研究等不同面向，對於漁港內的機關學校會社亦有所敘述，但對其題目中如何「構成」，缺少論述。井上敏孝〈1910-1925年期基隆の漁港整備事業の研究〉則討論到三沙灣漁港建設。[26]至於高雄漁港的研究成果極少，李文環等所著《高雄港都首部曲──哈瑪星》因重點在哈瑪星的形成過程，有關漁港僅有簡單敘述，興建理由亦稍為簡略。[27]蔡昇璋〈興策拓海：日治時代臺灣的水產業發展〉雖提出戰時臺灣水產基地的重要性，但因對當時臺灣各重要漁港皆做說明，以

時期基隆築港之政策、推行與開展（1895-1945）〉，嘉義縣：國立中正大學歷史研究所博士論文，2014年。日本學者井上敏孝，〈台灣総督府の築港事業〉，《東洋史訪》第18號（2011年12月），頁38-41。井上敏孝，〈台灣総督府の港湾政策に関する一政策：基隆港・高雄港の南北1港への「集中主義」方針を中心に〉、〈日本統治時代の基隆築港事業：港勢の変遷と基隆港における輸移出入状況を中心に〉，《現代台湾研究》第36、40號（2009年9月、2011年9月），頁1-23、51-67。高雄築港的研究成果則有臺灣總督府土木局高雄出張所編，《高雄築港誌》，出版項目不詳；臺灣總督府土木部，《打狗築港》，臺北街：臺灣總督府，1912年。戴寶村，〈近代臺灣港口之市鎮發展──至日據時期〉，臺北市：國立臺灣師範大學歷史學系博士論文，1987年。李淑芬，〈日本南進政策下高雄建設〉，臺南市：國立成功大學歷史研究所碩士論文，1995年。劉碧株，〈日治時期鐵道與港口開發對高雄市區規劃的影響〉，《國史館館刊》第47期（2016年3月），頁1-35；同氏著，〈日治時期高雄港的港埠規劃與空間開發〉，《成大歷史學報》第52期（2017年6月），頁47-85。謝濬澤，〈國家與港口發展──高雄港的建構與管理（1895-1975）〉，南投縣：國立暨南國際大學歷史學系碩士論文，2008年。游智勝，〈從大港集中邁向小港分散：1930年代臺灣總督府築港政策轉變之背景〉，《臺灣文獻》第65卷3期（2014年9月），頁267-313。劉碧株，〈日治時期高雄的港埠開發與市區規劃〉，臺南市：國立成功大學建築研究所博士論文，2017年。

26 吳沛穎，〈日治時期基隆漁港產業聚落空間的構成〉，臺北市：國立臺北藝術大學建築與文化資產研究所，2018年。井上敏孝，〈1910-1925年期基隆の漁港整備事業の研究〉，《現代台湾研究》第38號（2010年9月），頁1-23。

27 李文環等著，《高雄港都首部曲──哈瑪星》（高雄市：高雄市文化局，2015年），頁63-65。

致論述較簡要帶過。[28]黃于津〈日治時期高雄市原鼓山魚市場初探〉則以日治時期於「哈瑪星」興築的現代化漁港，與相繼興建的兩座魚市場為研究對象，探討魚市場設置與移轉過程，以及探討魚市場設置後，新濱町二丁目空間使用與產業型態的轉變，並進一步觀察魚市場設置後，對此區的產業與人群之影響，惜該文僅討論新濱町二丁目。[29]

有關上游關聯產業中的製冰冷藏業與動力化漁船造船業方面，高宇《戰間期日本の水產物流通》論述日本水產物流通的議題，包括中央批發市場設立、鐵道運送問題、製冰冷藏業株式會社的興衰——日東製冰株式會社經營戰略、以及帝國冷藏與葛原冷藏的失敗。該書雖是講述日本，但亦讓筆者瞭解日本製冰冷藏業的發展背景。洪紹洋《近代臺灣造船業的技術轉移與學習》雖是主要探究戰後臺船發展的各項議題，但仍在前章對其前身基隆船渠株式會社及臺灣船渠株式會社時期的漁船造船業務有所說明，尤其是基隆船渠株式會社時期。[30]

至於下游關聯產業鰹節製造業方面，主要為曾齡儀〈近代臺灣柴魚的生產與消費：以臺東為核心〉及〈日治時期基隆的鰹節（柴魚）產業〉兩篇論文，前文認為臺東自日治以來至1980年代，一直是柴魚的重要產地，透過該文可看到「鰹魚」這項水產魚類，在近代臺灣不同歷史與社會條件下，從早期較廉價的「脯魚」，轉變為日治時期昂貴的「鰹節」，以及戰後大眾消費與常民飲食中的「柴魚」；後文則將日治時期基隆鰹節產業歷經三個時期的興衰做一說明。[31]

---

28 蔡昇璋，〈興策拓海：日治時代臺灣的水產業發展〉，頁334-359。
29 黃于津，〈日治時期高雄市原鼓山魚市場初探〉，《高雄文獻》第10卷第2期（2020年12月），頁77-107。
30 高宇，《戰間期日本の水產物流通》，東京都：日本經濟評論社，2009年。洪紹洋，《近代臺灣造船業的技術轉移與學習》，臺北市：遠流出版事業公司，2011年。
31 曾齡儀，〈近代臺灣柴魚的生產與消費：以臺東為核心〉，《民俗曲藝》第219期（2023年3月），頁193-230。曾齡儀，〈日治時期基隆的鰹節（柴魚）產業〉，《中國飲食文化》第19卷第2期（2023年10月），頁67-110。

第三節　研究方法

本節主要說明研究資料與研究方法：

一　研究資料

根據形式，史料可分成質性資料或量化資料，前者以文字敘述的形式呈現，而後者則以數字的形式流傳。[32]

（一）質性資料部分

本書主要運用日治時期水產相關單位之出版品、州廳管內概況及事務概要、臺灣總督府公文類纂、報紙等資料，分述如下：

1　日治時期水產相關單位之出版品

官方出版的水產書籍，在臺灣總督府出版方面，包括殖產局的《臺灣水產要覽》、《臺灣之水產》等，在地方有如臺北州水產試驗場所出版的《臺北州の水產》。另具有半官方性質的各地水產會也有相關水產出版品，例如臺灣水產會的《臺灣の水產》，此外高雄州水產會亦有發行機關報，如《高雄州水產會報》，至於民間水產團體如臺灣水產協會曾出版《北臺灣の水產》。

此外，臺灣水產會每月所刊行的《臺灣水產雜誌》，其前身為《臺灣水產協會雜誌》，為大正4年（1915）10月25日成立的「臺灣水產協會」所創辦的水產雜誌。《臺灣水產協會雜誌》創刊號於大正5年（1916）1月30日發行，至第4號改名為《臺灣水產雜誌》。昭和3年

---

[32] 葉淑貞，〈臺灣「新經濟史」研究的新局面〉，《經濟論文叢刊》第22卷第2期（1994年6月），頁149。

（1928）8月11日「臺灣水產會」成立，9月19日該會舉行第一次總會，並整備業務執行的組織，而其事業的第一步就是接辦《臺灣水產雜誌》。[33]臺灣水產協會共出刊152號，自第153號改由臺灣水產會發行，至昭和18年（1943）12月發行第344號後停刊。[34]《臺灣水產雜誌》除了水產方面的論述文章之外，也在水產試驗調查報告及資料欄，提供各種試驗與調查結果以及統計資料，亦附有商況與漁況的記載。此外，尚有所謂的水產彙報，提供各地水產之訊息。[35]

2 州廳管內概況及事務概要

例如《高雄州管內概況及事務概要》、《澎湖廳管內概況及事務概要》等，各州廳係根據「督府報告例」中規定的年報第2項「行政事務及管內概況」編成，管內概況包括戶口、政務、財政、產業、金融、貿易等。[36]

3 臺灣總督府檔案

國史館臺灣文獻館臺灣總督府檔案，主要為臺灣總督府官房文書課保管之歸檔公文，係為日本殖民統治臺灣（1895-1945）五十年的第一手紀錄，計1萬3千餘卷。本全宗檔案包含「臺灣總督府公文類纂」、「臨時臺灣土地調查局公文類纂及土地調查用各項簿冊」、「高等林野調查委員會文書」、「土木局公文類纂」、「糖務局公文類纂」、「舊縣公文類纂」、「國庫補助永久保存書類」、「臺灣施行法規類」及「文

---

33 《臺灣水產雜誌》第153號（1928年10月），頁1-2。
34 〈編輯後記〉，《臺灣水產雜誌》第344號，1943年12月。
35 王俊昌，〈日治時期臺灣水產業之研究〉，頁6。
36 吳聰敏等編，《日本時代臺灣經濟統計文獻目錄》（臺北市：國立臺灣大學經濟學系，1995年修訂本），頁13。此外，臺灣總督府另編有《臺灣總督府事務成績提要》，計47編。

書處理用登記簿」等公文書。內容涵蓋法律、制度、外事、衛生、土地、戶籍、宗教、軍事、警察、產業、經濟、財稅、會計、司法、教育、交通、土木工程、族群等領域的官方資料。[37]

4 報紙

主要是利用《臺灣日日新報》，該報是由明治29年（1896）創刊的《臺灣新報》與次年創刊的《臺灣日報》於明治31年（1898）合併而成，至昭和19年（1944）因物資短缺及官方欲進一步控制新聞的考量，與其他五家報紙被合併為《臺灣新報》，出刊期間計長達47年，是臺灣總督府發行的第一大報。雖然《臺灣日日新報》係官方的報紙，但某程度上仍有表達臺灣輿情的作用。無論是新聞、專論或是廣告，皆是瞭解日治時期臺灣情況的重要史料。[38]

（二）量化資料部分

在量化資料上，主要為《臺灣水產統計》、《臺灣總督府統計書》、《臺灣貿易年表》（按：《臺灣貿易概覽》相當於其記述篇），內有多項長期且完整的時間序列，是統計分析最佳的基本資料。

有關臺灣水產的統計，當以《臺灣水產統計》最為完整。臺灣總督府殖產局水產課分別出版大正7年（1918）、9年（1920）、11年（1922）、昭和3年至18年（1928-1943）共19冊的臺灣水產統計，而統計資料以各州廳所提出的報告（按：依據大正9年訓令第315號臺灣總督府報告例）為基礎整編，而累年資料則參考臺灣總督府統計書。至於水產貿易統計則依據臺灣總督府稅關編纂的《臺灣貿易年表》編製而

---

[37] 國史館臺灣文獻館提供資料。
[38] 蔡錦堂撰，〈《臺灣日日新報》〉，《臺灣文化事典》（臺北市：臺灣師大人文教育中心，2004年），頁214。

成，至於魚市場則依各市場所提月報彙整。其內容以《昭和六年臺灣水產統計》為例，共分水產業、水產貿易、以及魚市場三大部份，計包括水產量額、水產業者、漁船及乘組員、遭難漁船隻數、遭難漁船乘組員、遭難漁船損害金額、水產養殖、沿岸漁獲物、遠洋漁獲、漁獲物累年比較、水產製造物、輸移出入水產貿易、魚市場別交易量與交易價格、魚市場重要魚類交易量等各項當年及累年統計表。[39]

《臺灣總督府統計書》乃根據「臺灣總督府報告例」做成之各種統計調查所編纂而成的綜合統計書。格式做自日本國內的《日本帝國統計年鑑》，內容包括有：土地、戶口、教育、社寺、民事與刑事裁判、警察、農業、水產業、礦山、工業及商業、專賣、外國貿易、金融與儲金、交通、衛生、教育、財政、氣象、官吏、恩賞（年金）、林野及狩獵等。明治32年（1899）5月，臺灣總督府出版《臺灣總督府第一統計書》，書中統計資料為明治30年（1897）；至昭和19年（1944）3月出版《臺灣總督府第四十六統計書》（按：統計資料為昭和17年）後停刊。[40]

《臺灣貿易年表》為臺灣貿易關係之基本統計資料，內容格式參考日本大藏省《日本帝國貿易年表》。明治30年至大正7年（1897-1918）刊之書名為《臺灣外國貿易年表》（按：書中統計資料的年份為明治29年至大正6年），大正8年刊以後改為《臺灣貿易年表》。《臺灣貿易年表》全部都是統計表，標題大致有輸出入品價額表、港別表、國別表，輸出入金銀價額表、國別表，收稅額港別表，基隆及其他各港輸出入表，輸出入金銀港別表、國別表，各港輸出入品價額國別表，外國往來船隻，輸出入品價額三年對照表，輸出入重要品港別三年對照

---

[39] 臺灣總督府殖產局水產課，《昭和六年臺灣水產統計》（臺北市：該課，1933年），凡例、頁1-127。
[40] 吳聰敏等編，《日本時代臺灣經濟統計文獻目錄》，頁1-2。

表,臺灣與中國間貿易品送達地表,臺灣與朝鮮間貿易統計,臺灣與日本樺太間貿易年表等等。[41]

二　研究方法

就方法論來說,科際整合已是人文與社會學科研究的趨勢,歷史學也不例外。因此,本書仍像以往一貫嘗試使用數量方法來說明水產關聯產業對水產業的貢獻。

從方法上來看,經濟史研究可分為傳統經濟史與新經濟史兩派,新經濟史發源於美國,其特徵在於採用經濟理論和統計方法(計量方法)以說明歷史事實的意義。美國新經濟史在1950年代底已發展到含苞待放的階段,最後於1970年代開花結果,克萊奧學派(Cliometricians)是其代表。[42]此一新方法的優點在於能處理傳統方法所無法處理的問題,此外亦能檢驗以前曾探討過的問題,進而提出新的歷史解釋。就當1993年 Robert W. Fogel 和 Douglass C. North 兩位新經濟史學家首次以研究經濟史而獲得諾貝爾經濟學獎時,此一新研究方法可說更進一步獲得肯定。[43]

1950年代新分析方法也開始敲扣臺灣經濟史研究之門,張漢裕是首位利用經濟理論與統計資料討論日治時期臺灣人民生活水準的學

---

41 吳聰敏等編,《日本時代臺灣經濟統計文獻目錄》,頁211-212。

42 葉淑貞,〈臺灣「新經濟史」研究的新局面〉,頁127。1960年代美國克萊奧學派的誕生和壯大無疑是當代新史學發展中最突出的現象,為了標榜他們所實踐的歷史學是真正的符合科學的歷史學,乃系統地使用當代的新古典經濟學理論、數學和統計方法,並在電子計算機的幫助下進行的經濟史研究,故又稱作計量經濟史學派(Econom-etricians);克萊奧學派有時又稱作計量經濟史學派(New Economic Historians),以區別於傳統的經濟史。參見楊豫,《西洋史學史》(臺北市:雲龍出版社,1998年),頁506。

43 葉淑貞,〈臺灣「新經濟史」研究的新局面〉,頁127-134。

者。從張氏之後至2000年代,更多的國內外學者開始使用此一新方法,分析日治時期以來的臺灣經濟。由於新方法利用量化資料,能直接估計所要探究之經濟現象的指標,使研究者能夠確切掌握經濟現象的本質,這是新經濟史與傳統經濟史最大的差異,也因此獲得不少研究成果。[44]

惟中國與臺灣史學界將經濟理論以及計量方法應用到經濟史研究的卻不多,更多的只是傾向於傳統敘述性之研究。中國學者唐傳泗曾經不諱言地指出在中國近代經濟史研究中,需要的就是增強數量觀念,進行定量分析,凡能定量者,必須定量,這就可以破除許多假說,立論方有根據。[45]在臺灣方面的情況又是如何呢?早期王業鍵將計量方法應用於中國經濟史研究上,使以前傳統敘事方式推展到科學研究的新境界。[46]爾後再經古偉瀛、林滿紅、王良行、陳計堯等學者不遺餘力倡導之下,成果也日漸顯著。

其實,克萊奧學派的成果對史學界而言具有很深的意義:首先,它從理論和實踐上證明,社會科學的理論和方法可以應用於歷史研究,科際整合有其必要性。其次,除了可以用新的途徑來檢驗過去被公認的傳統結論之外,也可以使用新的史料處理手段來擴大史料的範圍,從而增加歷史研究的能力。第三,過去被歷史學家所忽視的研究主題如經濟趨勢、經濟波動等等,開始引起注意。第四,計量經濟史透過數據的量化處理,可以精確和準確地表達過去歷史學家習慣上使

---

44 葉淑貞,〈臺灣「新經濟史」研究的新局面〉,頁129、134-148。
45 唐傳泗,〈關於中國近代經濟史研究的計量問題〉,《中國近代經濟史研究資料(3)》(上海市,1985年5月),頁1、4。
46 范毅軍,〈學人簡介——王業鍵先生〉,《近代中國史研究通訊》第22期(1996年9月),頁5-11。王業鍵自1990年代中後期以來,與國立中正大學數學系暨統計科學研究所合作,以統計科學和方法著手清代糧價的科學化分析,參見陳仁義、王業鍵,〈統計學在歷史研究上的應用〉,《興大歷史學報》第15期(2004年10月),頁11-36。

用的「增加」、「減少」、「上升」、「下降」、「一部分」、「大多數」等含義模糊的詞語。[47]

本書即將採定性定量並重分析法，跳脫一般性傳統研究窠臼，期能對日治時期臺灣漁業史、或臺灣海洋史、或臺灣產業史、或臺灣新經濟史（計量經濟史）做出些許成果。

第四節　研究構成

本書主要是探討日治時期臺灣水產關聯產業如何發展及其對當時臺灣水產業所做出的貢獻，計有七章：除了緒論與結語外，第二章基隆漁港產業聚落的形成與發展，主要探討為何要興建基隆漁港？選址的考量為何？其主要設施有哪些？基隆漁港產業聚落（按：當地俗稱「水產」）形成的情形為何？興建基隆漁港對於基隆市漁業發展的經濟效益又為何？

第三章南進政策下高雄漁港的角色，說明為何要興建高雄漁港及其對水產南進有何貢獻？高雄漁業長期發展趨勢又為何？高雄漁港有無像基隆漁港設置後形成密集性漁業聚落？漁業資本家在高雄漁港投資的情形又如何？並以數量方法探究興建高雄漁港的經濟效益。

第四、五章說明上游關聯產業以製冰冷藏業與動力化漁船造船業說明其如何以一個協力產業去促進水產業的發展。第四章臺灣製冰冷藏業說明日本製冰冷藏業的發展為何？成效又為何？臺灣製冰冷藏業的發展又為何？及其對臺灣水產業的貢獻。第五章臺灣造船業的發展──以動力化漁船為例，說明日本發展遠洋漁業發展的契機為何？現代石油發動機的引進與製造為日本帶來的遠洋漁業發展成效又為

---

[47] 楊豫，《西洋史學史》，頁514-515。

何？臺灣對於日本發展遠洋漁業讓漁場擴張及漁獲量大增此一「日本經驗」的反應為何？對於臺灣遠洋漁業的發展帶來什麼樣的影響？最後探討臺灣動力化漁船造船業發展情形。

　　第六章下游關聯產業部分則以當時重要水產加工製造業──臺灣鰹節製造業的發展為例，探討臺灣鰹漁業與鰹節製造業的發展情形，鰹節製造業生產地點坐落何處？係日資或臺資掌控鰹節製造業及其貿易權？[48]

---

48 正文除了第五章外，各章曾發表於王俊昌，〈日本統治時代の基隆漁港の産業集落の形成と発展〉，《南島史学》第87號（2019年11月），頁138-158；〈日治時期南進政策下高雄漁港的角色〉，收錄於蕭碧珍、石瑞彬編輯，《第12屆臺灣總督府檔案學術研討會論文集》（南投縣：國史館臺灣文獻館，2023年），頁241-266；〈日治時期臺灣水產關聯產業的發展──以製冰冷藏業為例〉，《海洋文化學刊》第21期（2016年12月），頁193-221；〈日治時期臺灣鰹節製造業的發展〉，收錄於松浦章編著，《近代東亞海域交流：產業與海洋文化》（臺北市：博揚，2019年），頁103-142；惟於本書經已大幅修改。

第二章
基隆漁港產業聚落的形成與發展

　　由於漁業活動深受自然環境、生物環境、以及社會經濟環境三方面的影響，人們為改善漁業環境乃需修築漁港以便利漁船作業，或投置人工魚礁吸引魚群，或發明各種漁具以便增加漁獲量，或建造大型漁船以擴大漁場範圍。[1]其中修築漁港為發展水產業最重要的基礎建設，由於漁港的功用不外是提供漁船停泊、避風、裝卸漁獲與漁船所需物資補給及水產品加工保藏等，因此漁港亦需要完善的港口設施相配合，以利漁船作業。[2]

　　日治時期，基隆前後有三沙灣漁港、以及基隆漁港的興建，基隆漁港或稱八尺門漁港，為本章所要探討的範圍。三沙灣漁港興建於明治43年（1910），翌年（1911）完工，基隆漁港則是建於昭和4年（1929），竣工於昭和9年（1934），兩漁港對於基隆／臺灣的漁業發展都有其階段性的貢獻。本章主要探討為何要興建基隆漁港？選址的考量為何？其主要設施有哪些？基隆漁港產業聚落（按：當地俗稱「水產」）形成的情形為何？興建基隆漁港對於基隆市漁業發展的經濟效益又為何？是本章所要探討的重點。

1　李明燕，《臺灣北端漁港及漁業活動的發展》（臺北市：國立臺灣師範大學地理研究所碩士論文，1984年），頁38。

2　王俊昌，〈日治時期臺灣水產業之研究〉，嘉義縣：國立中正大學歷史學系博士論文，2006年，頁112。

第一節　三沙灣漁港的興建

　　日人領臺後為加強控制臺灣，乃謀求發展與臺灣之間的航運，但當時基隆港水淺，退潮時輪船不能進港，須遙泊港外一浬半之處，季風時節，波濤洶湧，客貨上下均感不便。臺灣總督樺山資紀基於軍事、交通、貿易之需要，且認為基隆港為臺灣唯一良港，遂於明治28年（1895）9月向日本政府提出「基隆港建設意見書」，強調築港的重要性。後經批准撥100,000圓，做為臺灣縱貫鐵路及基隆築港調查經費。明治29年（1896）3月14日，臺灣總督府設「基隆築港調查委員會」，以臺灣總督府海軍部長角田秀松為委員長，委員23人，工學博士石黑五十二及石橋絢彥為專門委員，同年（1896）7月在臺北成立事務所，基隆設辦事處，另在仙洞、社寮島城仔角設試驗所，著手進行港灣調查工作。調查範圍包括地形、地質、海底沈澱、築港用料、潮汐、風力、潮流、波浪等等。[3]

　　明治31年（1898）6月臺灣總督府民政部土木課接管築港事務，決定軍港、商港、漁港併設之計畫，並釐定第一次工程4年計畫，隔年（1899）動工，而這一動工也展開日治時期先後達44年之久，耗費46,185,000日圓的五期基隆港築港工程。三沙灣漁港的興建屬於基隆港第二期築港工程中之一部，第二期築港工程（1906-1912）填築小基隆至二沙灣共66,000平方公尺，並完成哨船頭街海岸石垣工事，建有混凝土荷揚場（按：即起貨卸貨場），讓小型船隻直接靠岸停泊裝卸貨，並新建二沙灣避風港、以及三沙灣漁港。[4]

3　臨時臺灣總督府工事部，《基隆築港誌》（臺北：該部，1916年），頁31-42。
4　臨時臺灣總督府工事部，《基隆築港誌》，頁55-58、881-904。〈基隆築港現況〉，《漢文臺灣日日新報》，第3703號，1910年8月28日，6版。〈基隆船溜問題立消〉，《臺灣日日新報》，第3723號，1910年9月21日，2版。

三沙灣原係一小灣澳，三沙灣漁港築港工事於明治43年（1910）開工，翌年（1911）完工，為日治時期全臺第一座現代化漁港，落實基隆港為擁有多功能港口機能的構想，二沙灣也於同時間闢為日陸軍運輸部小艇碼頭。三沙灣漁港在基隆漁港（按：八尺門漁港，今正濱漁港所在地）未擴建前為基隆主要漁港，周邊設備如魚市場、製冰場、船舶修理廠、鐵工廠等相關產業林立，因此該地俗稱「水產窟仔」。[5]

　　惟隨著漁業的發展，三沙灣漁港著實不夠使用，曾有提議建一條運河，連結三沙灣漁港與二沙灣，擴大漁港區。[6]由於二沙灣已闢為日陸軍運輸部小艇碼頭，軍方不同意，倒是當局於大正8年（1919）以10,000圓工費，浚渫三沙灣漁港，竣工後的水面有2,400坪，可進一步繫留小型發動機漁船約百艘。[7]

　　此外，同年（1919）臺灣總督府土木局鑑於暴風雨期間，基隆港內船舶損害甚巨，因此在社寮島八尺門水道所環繞的56,000坪之水面，築造一小型船舶繫留港，俾將來暴風雨來襲時，可容納港內的團平船、石炭艀船、以及臺灣人漁船、帆船等計千艘入港避難，而這一小型船舶繫留港後來成為基隆漁港興建的主要用地。此外，出社寮島桶盤嶼斜至港口間，則興建130間（按：1間=1.8181公尺）的防波堤，防止自外海而來的波濤，並於防坡堤首端設燈塔，便於船舶之出入，工程費30,000圓，大正9年（1920）春竣工。值得一提的是，防波提興建之際，大家看好水面無波，因此社寮島造船工場的用地價格，一時居高不下。[8]

5　洪連成，《找尋老雞籠——舊地名探源》（基隆市：基隆市政府，1993年），頁36。
6　〈基隆漁港計畫〉，《臺灣日日新報》，第6565號，1918年9月30日，1版。〈基隆漁港計畫〉，《臺灣日日新報》，第6566號，1918年10月1日，5版。
7　〈地方近事　基隆　三沙灣漁港〉，《臺灣日日新報》，第6937號，1919年10月7日，4版。〈基事三誌　三沙灣漁港〉，《臺灣日日新報》，第6938號，1919年10月8日，6版。
8　〈基事三誌　築造避難港〉，《臺灣日日新報》，第6938號，1919年10月8日，6版。宮上龜七，《北臺灣の水產》（臺北市：臺灣水產協會，1925年），頁490。

大正12年（1923）11月，日籍漁民山本秋太郎在彭佳嶼附近經營延繩釣漁業時，無意間以鯛延繩於珊瑚礁曳起珊瑚，發現珊瑚漁場，遂於大正13年（1924）6月2日正式開始採捕，共獲8,000公斤，成為臺灣珊瑚漁業之嚆矢。隨著臺灣珊瑚業的展開，一方面三沙灣漁村頓時變成三沙灣珊瑚村，另一方面亦更加凸顯三沙灣漁港的擁擠。[9]將三沙灣漁港移轉至八尺門，成了很多漁業者的心聲。

第二節　基隆漁港的興建

雖然基隆港擁有商港、軍港、漁港機能，不過隨著貿易的發展與漁業的展開，基隆港出入船舶激增，光入港貿易商船隻數年均成長率即高達75.38%（詳見表2-1），這還不包括漁船數目，因此基隆港最主要的商港機能無法充分發揮。臺灣總督府有鑒於此，以港灣整理為目的，將漁港移轉至八尺門、社寮島一帶（按：屬第四期築港工程一環，並命名為基隆漁港），如此一來不僅可促使水產業進一步的飛躍，也促進基隆港灣效率的發揮與港灣機能統制的完整。[10]此外，還有因為漁業的發展，三沙灣漁港漁船停泊地相當密集，一旦若有漁船發生火災，後果不堪設想，以及為維持基隆市衛生的考量。因此，大正14年至15年（1925-1926）之際，已有建基隆漁港之提議。[11]

基隆漁港除了八尺門小型船澳（按：今彩虹屋前八尺門船澳）之外，全部以國庫支出，共503,664圓，昭和4年（1929）5月14日開工，昭和9年（1934）5月31日竣工。基隆漁港抱有水面積約7萬坪，水深9尺至

9　《臺灣日日新報》，第8716號，1924年8月20日，5版。
10　基隆市役所：《基隆市產業要覽》（基隆市：該市役所，1933年），頁36-37。臺北州水產試驗場，《臺北州の水產》（臺北市：該試驗場，1935年），頁38。
11　〈基隆三沙灣漁船溜場に漁船密集の光景〉，《臺灣日日新報》，第8992號，1925年5月23日，3版。〈大基隆を代表する停車場の擴張と岸壁上屋　漁港設置と冷藏庫の設備〉，《臺灣日日新報》，第9215號，1926年1月1日，19版。

15尺，繫船碼頭長1,397公尺，繫船浮標3個，可繫400艘漁船。[12]

　　基隆漁港陸上漁業相關設施由臺北州廳負責施設之外，臺北州廳認為現今彩虹屋前的八尺門灣澳是可以整建為碼頭，可將基隆漁港的腹地容納更多的漁船停靠，於是以經費104,751圓興建，與基隆漁港陸上設施工程同時施工，1932年3月10日動工，至1933年3月31日完工，抱有水面積9,744平方公尺，同時可以停小型漁船170艘。[13]

　　有關臺北州負責的部分，昭和5年（1930）12月20日，臺北州協議會於開議的第二天隨即進行「諮第四號基隆漁港設備費資金借入相關文件第一、二、三讀會」、「諮第六號自昭和6年度至昭和7年度基隆漁港設備費繼續費年期及支出方法之件第一、二、三讀會」兩案的討論。片山三郎州知事特地在州協議會報告基隆漁港設備施作的必要性：「基隆港為本島玄門，不僅為北臺灣唯一商港，亦是北部漁業的重要根據地。然而以往並沒有商港、漁港的區別，原來港內就顯狹隘，近時無論做為商港或漁港，結果船舶與漁船常輻湊以致險象環生，相撞事故不少，做為商港其港灣價值失色不少，因此總督府於昭和5年、6年度特於八尺門做為漁港興建船溜，工事次第進行中，而本州對應興建魚市場及其他陸上設備並漁船繫留場，完成漁港設備，充分地發揮做為漁業根據地的機能，為此做為漁港設備費的『諮問案第六號』之如2年繼續事業，總工程費499,598圓，國庫補助三分之一，333,066圓中的332,000圓借入，20年償還，償還財源為魚市場使用費，因此不會影響一般財政。更何況漁港設備的興建係圖謀水產業振興之同時，此等工事亦可救濟失業者。」[14] 12月21日，基隆地方頭人亦是臺北州協

---

12 臺北州水產試驗場，《臺北州の水產》，頁38-40。
13 臺北州水產試驗場，《臺北州の水產》，頁38-40。〈基隆魚市場新築落成式〉，《臺灣水產雜誌》第232號（1934年7月），頁34。
14 〈臺北州豫算（下）州協議會に於ける片山知事の說明　基隆漁港設備〉，《臺灣日日新報》，第11022號，1930年12月20日，2版。

議會員的許梓桑，特於臺北州協議會感謝臺北州當局對基隆漁港預算的努力。[15]

因此，在昭和6年度（1931）各州預算與前一年相比幾乎少了一成的情況下，臺北州預算卻增加51萬餘圓。起債認可於昭和6年10月20日獲得決議，基隆漁港陸上設備費（含船溜設備費）為450,000圓。[16]

表2-1　基隆港對外貿易入港船隻數

年別	汽船 外國貿易	汽船 對日貿易	小計	中式帆船 外國貿易	合計	年別	汽船 外國貿易	汽船 對日貿易	小計	中式帆船 外國貿易	合計
1897	12	102	114	436	550	1920	547	425	972	668	1,640
1898	11	122	133	481	614	1921	602	442	1,044	314	1,358
1899	6	129	135	221	356	1922	684	484	1,168	191	1,359
1900	4	170	174	289	463	1923	656	536	1,192	134	1,326
1901	6	152	158	260	418	1924	813	610	1,423	207	1,630
1902	5	149	154	259	413	1925	989	594	1,583	294	1,877
1903	12	166	178	375	553	1926	1,127	662	1,789	186	1,975
1904	35	123	158	403	561	1927	1,015	676	1,691	195	1,886
1905	33	160	193	261	454	1928	869	760	1,629	176	1,805
1906	51	272	323	222	545	1929	912	826	1,738	342	2,080
1907	79	300	379	143	522	1930	903	949	1,852	157	2,009
1908	88	359	447	118	565	1931	845	921	1,766	273	2,039

15　〈臺北州協議會（續）〉，《漢文臺灣日日新報》，第11397號，1931年12月23日，夕刊4版。

16　〈臺北州起債認可　總額七十六萬圓　為二箇年繼續事業〉，《臺灣日日新報》，第11325號，1931年10月22日，4版。

年別	汽船 外國貿易	汽船 對日貿易	小計	中式帆船 外國貿易	合計	年別	汽船 外國貿易	汽船 對日貿易	小計	中式帆船 外國貿易	合計
1909	69	368	437	132	569	1932	808	991	1,799	197	1,996
1910	72	413	485	112	597	1933	938	903	1,841	310	2,151
1911	136	434	570	91	661	1934	1,007	973	1,980	537	2,517
1912	171	428	599	111	710	1935	1,187	1,050	2,237	732	2,969
1913	186	439	625	122	747	1936	1,139	1,071	2,210	－	－
1914	167	427	594	131	725	1937	1,122	1,058	2,180		
1915	228	476	704	117	821	1938	902	1,005	1,907		
1916	276	405	681	165	846	1939	1,263	1,020	2,283		
1917	414	363	777	201	978	1940	－				
1918	435	340	775	456	1,231	1941	1,074	707	1,781		－
1919	585	412	997	719	1,716	1942	419	342	761		

資料來源：臺灣總督府財務局，《臺灣貿易四十年表（1896-1935）》（臺北市：該局，1936年），頁357-358。臺灣總督府財務局，《臺灣貿易年表》，1936-1942年。

　　為了順應臺灣總督府的漁船船澳移轉計畫，臺北州資助州下水產業的進展與開發為目的，在基隆漁港臨港濱町一側地帶施設陸上設備以及小型漁船澳，做為昭和6、7年度（1931-1932）的繼續事業。漁港陸上設備有水產館、魚市糶場、貯冰庫、漁箱置場、珊瑚市場、運貨車停車場、機油倉庫、倉庫、給水所、漁業無線局、店舖、公廁等。[17]現代化漁港專用無線電信及陸上設備完善的基隆漁港，大體工事告竣，昭和9年（1934）6月30日下午2時40分由野口敏治知事主持

---

17 臺北州水產試驗場，《臺北州の水產》，頁40-45。

之下，舉行落成儀式，3時半結束，隨後在魚市拍賣場試拍漁獲，賓主一同盡歡，至5時散會。[18]

表2-2 基隆漁港船澳設備概況

項目	濱町側（八尺門）	社寮町側	小型漁船澳（濱町東側）
岸壁延長	433公尺	591公尺	373公尺
設備	起卸貨場、繫船柱、給水栓	起卸貨場、繫船柱	荷揚場、繫船柱、船曳場協面
水深	15尺	9尺	10尺（溜內面積9,744平方公尺）
造成地面積（加原有官有地）	8,400坪	13,200坪	3,000坪
臨港區域主要建物	魚市場及其陸上諸般設備、漁業無線局、其他一般漁業關係諸會社及個人店舖倉庫	臺灣總督府水產試驗場、市營漁民住宅170戶、鐵工場、製造工場等	建30戶

資料來源：臺北州水產試驗場，《臺北州の水產》（臺北市：該試驗場，1935年），頁39。

一 魚市場與水產館

臺灣水產株式會社於明治44年（1911）3月30日成立，以保證漁民融資、魚價的統一、販賣的確實為目的，兼營基隆魚市場，魚市場

---

18 〈基隆漁港落成式〉，《臺灣日日新報》，第12301號，1934年7月3日，夕刊4版。〈基隆漁港落成式　多數來賓參列〉，《臺灣日日新報》，第12302號，1934年7月2日，7版。

原位於三沙灣漁港處。昭和6年（1931）1月基隆魚市場改由臺北州水產會經營之，惟仍委託該會社代為經營。基隆漁港興建之際，有關陸地漁業設施由臺北州廳出資興建，其中最為重要當屬魚市場及水產館。昭和6年（1931）11月已陸續動工，昭和7年（1932）10月25日舉行地鎮祭及起工儀式，昭和9年（1934）3月31日竣工，6月30日吉日舉行盛大落成儀式，7月1日基隆魚市場亦正式從入船町（按：三沙灣）遷移至濱町。基隆魚市場由株式會社大林組施工，採熔接式鋼骨及鋼筋混凝土造，屋頂採用波型石板瓦（按：石棉瓦）葺，有魚市拍賣場（按：糶場）533.72坪、漁獲卸貨場116.408坪、包裝場兼走道60.22坪、仲買人倉庫43.38坪、貯冰庫、事務室及其他空間計有54.15坪。[19]

水產館則可說是日治時期基隆漁港的漁業行政中心，是臺灣漁業界相當亮眼的一棟具現代主義風格平屋頂二樓建築，採鋼筋混凝土造，呈回字形平面，四周配置迴廊，屋頂做有水泥平貼瓦磚，總面積835.54坪，同樣是株式會社大林組所造。一樓空間包括管理者臺北州水產會基隆市支會、臺北州水產試驗場、魚市事務所、郵局、食堂、浴室、理髮是、倉庫、值夜室、廁所等19間，二樓則有會議室、標本陳列室、簡易宿舍間、出租辦公室、倉庫、特別室等20間，天臺上尚有氣象觀測所及信號臺。[20]

二　珊瑚交易所

大正13年（1924）經營珊瑚漁業的山本秋太郎，在同年於入船町創辦私人經營的珊瑚交易所，同年7月9日開第一次標，當時由日本長崎、高知、大阪、神戶等地來基隆交易的經紀人就有15、16人之多。

19　〈基隆魚市場新築落成式〉，《臺灣水產雜誌》，頁32、34-35。
20　〈基隆魚市場新築落成式〉，《臺灣水產雜誌》，頁34。

隨珊瑚產量增加，業者希望有較具規模之交易所，因此同年7月23日由臺灣水產株式會社創辦另一交易所，9月兩交易所之交易權移轉至臺灣水產協會（按：後改制為臺北州水產會）所有，但仍與兩交易所共同承辦交易事務。後臺灣水產株式會社以1,000圓補償山本交易所，而將交易事業歸其一手辦理，交易所約每月開市1次。昭和9年（1934）7月1日珊瑚交易所同時與基隆魚市場從入船町（按：三沙灣）搬遷至濱町，昭和13年（1938）7月1日臺灣水產株式會社被日本水產株式會社合併，日本水產株式會社繼續代為經營。[21]

三　漁業無線電信局

臺灣四面環海，一旦離港即置身於漂渺之大洋中，若遇颱風或強風襲擊的話，即有漁船遭難與人命損失之虞。隨著漁船遭難事件有增加之趨勢，已引起臺灣水產業界的注目。大正11年（1922）2月19日「日魯漁業會社」所屬拖網漁船「松風丸」，於距基隆百浬處遭難沉沒之事，更引起臺灣水產業界高度的注意，乃痛定思痛地向當局要求急速地設置無線電信相關施設。[22]

日治時期臺灣最早設立的漁業用通信機關為位於基隆漁港的「漁業用陸上無線電信電話通信所」（按：亦稱漁業無線局），臺北州漁業無線局由臺北州廳所建，並委託臺北州水產會經營。漁業無線局為基隆漁港築造工程中之附屬工事，以便益漁業者為目的，工事於昭和8年（1933）4月1日動工，8月31日竣工，10月起開始通信。其業務範圍包括漁撈指導上必要的專用通信、一般漁船之間收發的公眾無線通信、以及以該局為中心與臺灣東部海上、九州南部海上、東海、南洋

---

21 矢野謙三，《昭和十三年基隆市產業要覽》（基隆市：基隆市役所，1939年），頁81-82。
22 〈雜錄〉，《臺灣水產雜誌》第76號（1922年4月），頁54-55。

安南近海、蘇祿海方面出漁的一般漁船暨臺北州水產指導船的交信。主要裝置有第一送信裝置、第二送信裝置、第一收信裝置、以及第二收信裝置。[23]根據《臺北州施設事項調查資料──有關水產業施設事項的調查決定要項》，漁業無線局的成立，帶來的利益如下：

（一）漁船發現漁場魚群後能迅速通報或接獲通報，以較少之力得到更多之漁獲。
（二）使海上作業漁船能夠知悉魚價，將漁獲物運往高價市場販售。
（三）能夠與海上漁船連絡，因此燃食食料、漁具材料等可以快速準備，可縮短漁船歸港繫船之時日，可期出漁日數之增加。
（四）萬一發生海難，透過危急信號的收發交換，更可快速救濟人命資財。
（五）除去船員憂懼與不安，可安心長時間從事海上業務。
（六）收發暴風警報、海上氣象，防止遭難發生於未然。
（七）收發報時，以常確保鐘表準點。[24]

可見臺北州漁業無線局的成立除了可帶來漁民收入的增加之外，亦可防止漁船遭難的發生，更可使漁民能夠安心在海上長時間漁撈，而且一旦發生船難，也可迅速請求救援。此外，漁業無線局也受理一般電報事務，俾方便附近住民的利用。[25]

---

23 桑原政夫編輯，《昭和九年基隆市產業要覽》（基隆市：基隆市役所，1934年），頁50。臺北州水產試驗場，《臺北州の水產》，頁33-35。〈基隆魚市場新築落成式〉，《臺灣水產雜誌》，頁34。
24 《臺北州施設事項調查資料──有關水產業施設事項的調查決定要項》，出版項目不詳，頁11。
25 桑原政夫編輯，《昭和九年基隆市產業要覽》，頁50。

四　漁民住宅

　　各地政府為了照顧漁民的生活，有很多的福利措施，就以居住問題來說，高雄州水產會為供給高雄漁業者低廉的住宅，自大正15年度（1926）起將該會所有之家屋出租，以緩和漁業者住宅的不足。而高雄市方面委員助成會亦自昭和10年度（1935）起，交付漁業者住宅建設計畫助成金。[26]

　　基隆為臺灣漁業重鎮，從業人口數眾多。但是基隆市多為丘陵地形，缺乏平地，再加上產業的發達，人口迅速增加，住宅已不敷使用，特別是靠著零星收入維持家計的漁民，更能感受到苦痛與不便。由於房租貴，不得已他們大半都選擇臨時用木板搭建的粗糙房子來居住，而這些房子不免又都狹隘、陰暗潮濕。在三沙灣漁港遷移至八尺門之際，基隆市役所利用一般水產業者勢必也會移住或集中於漁港附近的機會，在社寮島與八尺門興建漁民住宅，以收容漁民，此舉亦可緩和基隆市住宅的不足。[27]

　　昭和6年度（1931）基隆漁港社寮島一側的埋立及碼頭竣工之際，基隆市役所提出昭和7年度（1932）在社寮島埋立地建設165戶市營漁民住宅的計畫，並希望獲得總督府及臺北州廳補助總工程費500,000圓中之300,000圓。[28]後基於臺北州廳的希望而變更計畫，工程經費降至300,000圓，並欲分別在社寮島及八尺門各建造1百戶漁民住宅。[29]基隆

26　高雄州，《高雄州產業調查會水產部資料》，頁342。
27　桑原政夫編輯，《昭和九年基隆市產業要覽》，頁50-51。
28　〈社寮島埋立地に漁民住宅を建設　基隆市が工費五十萬圓で計畫〉，《臺灣日日新報》，第11279號，1931年9月5日，夕刊1版。
29　〈籌設基隆漁港　近將著手填埋　外建市營漁民住宅等〉，《臺灣日日新報》，第11331號，1931年10月28日，夕刊4版。〈漁民住宅新設　近く認可申請〉《臺灣日日新報》，第11769號，1933年1月12日，夕刊2版。

市役所為對基隆在地土木業者有公平性的利潤，乃將漁民住宅建設工程，分割包辦，惟遲至昭和8年（1933）8月中第一次開標出乙種住宅4戶建3棟，2戶建1棟，共14戶。[30]也因為發包問題，後改成於社寮島興建164戶漁民住宅，八尺門則為36戶。甲種住宅150戶，每戶建坪8.75坪，月租8圓50錢，而乙種住宅50戶，每戶建坪7坪，月租6圓。[31]

表2-3　基隆市漁民住宅建設費

收入部分		
科目	金額（圓）	備註
總督府補助款	63,957	昭和7年度32,234圓 昭和8年度31,723圓
州補助款	21,500	昭和7年度10,750圓 昭和8年度10,750圓
市借入款	100,000	
一般市費補充	6,415	
計	191,872	
支出部分		
科目	金額（圓）	備註
道路費	7,500	
下水費	12,200	
民屋補償	5,871	
土地徵收	18,139	

---

30 〈社寮島の漁民　住宅建築著手〉，《臺灣日日新報》，第12034號，1933年10月6日，夕刊2版。〈基隆土木業者　對大工抗爭問題〉，《臺灣日日新報》，第12063號，1933年11月4日，夕刊4版。

31 桑原政夫編輯，《昭和九年基隆市產業要覽》，頁55。

收入部分		
科目	金額（圓）	備註
甲住宅建築費	99,750	社寮島120戶、八尺門30戶
乙住宅建築費	26,600	社寮島44戶、八尺門6戶
用水設備	9,000	
公共澡堂	3,300	
附屬諸工程	4,000	
監督費及雜費	5,512	
計	191,872	

資料來源：桑原政夫編輯，《昭和九年基隆市產業要覽》（基隆市：基隆市役所，1934年），頁51-53。

表2-4　基隆市漁民住宅用地

種別	坪數	備註
國庫地無償租借	3,014.73	社寮島填海造地
民有地徵收	3,861.43	社寮島170.46坪 八尺門3,690.97坪
民有地租借	38.45	社寮島
計	6,914.61	

資料來源：桑原政夫編輯，《昭和九年基隆市產業要覽》，頁54。

表2-5　基隆市漁民住宅類別

類別	戶數	構造	一戶建坪數	間數	疊數	月租	備註
甲住宅	150	木造瓦葺平房	8.75	2	10	8.50圓	社寮島120戶 八尺門30戶

類別	戶數	構造	一戶建坪數	間數	疊數	月租	備註
乙住宅	50	同上	7.00	2	6	6圓	社寮島44戶 八尺門6戶
計	200	同上	—	—	—	—	社寮島164戶 八尺門36戶

資料來源：桑原政夫編輯，《昭和九年基隆市產業要覽》，頁55。

第三節　基隆漁港產業聚落的形成

在基隆漁港興建完工之前，其實八尺門、社寮一帶早已是鰹節製造工場及造船所的重要產業聚落，包括鈴木鰹節工場、門川鰹節工場、山福鰹節工場、西村鰹節製造工場、吉井商店鰹節製造工場、朝日堂鰹節工場、南海漁業株式會社基隆支店鰹節工場、合資會社丸三組、垾造船所、荒本造船所、辻造船所、大內造船所、久野造船所、岡崎造船鐵工所、垾友太郎造船所、山本造船所、名田造船所、以及井手本造船所皆設置在此。[32]

產業群聚是指在某一特定區域中，一群在地理上鄰近或更相互關聯的企業或機構，存在著共通性與支援性的連結，更著既競爭又合作的關係，然而產業群聚意涵並非僅止於產業的地理鄰近性（geographicalproximity），更包含產業生產與社會網絡（socialnet works），其整體關係緊密，一地區欲形成產業群聚必須結合該地區之生產要素、需求條件、相關支援產業和企業策略、以及結構與同業競爭（按：網路資料）。

隨著基隆漁港的完工，臺北州廳下令有關機構、漁民、漁船應於

---

[32] 臺灣總督府殖產局，《昭和四年工場名簿》（臺北市：該局，1931年），頁10-11、98。
小松豐，《大日本職業別明細圖——基隆市》，臺北市：東京興信交通社，1933年。

昭和9年（1934）7月1日起開始移轉至新漁港區（八尺門的濱町及社寮町）。[33]具有官方色彩的臺北州水產會基隆市支會原位於哨船頭，遂搬遷至濱町水產館內繼續為漁民服務，而水產會下的魚市場與珊瑚市場亦搬遷至基隆漁港。至於漁業相關團體與組合以往即在市區辦公，僅有限責任基隆手操網漁業販賣購買利用組合、臺灣鰹節同業組合、以及社寮島漁業組合搬遷或成立於濱町或社寮町（參見表2-6，加粗者代表搬遷，後表同）。

表2-6　基隆市水產關係團體與組合

名稱	所在地	備註
臺北州水產會基隆市支會	日新町7-1（資料來源1） **濱町**53（資料來源2-5）	
有限責任臺灣鰹節信用販賣購買利用組合	日新町7-1（資料來源1-4）	產業組合
有限責任基隆手操網漁業販賣購買利用組合	日新町4-2（資料來源1-2） **濱町**53（資料來源3-6）	產業組合
基隆延繩漁業者組合	日新町7-1（資料來源1-3） **濱町**53（資料來源4-5）	任意組合
基隆珊瑚仲買人組合	入船町1-1（資料來源1）	任意組合
臺灣鰹節同業組合	日新町7-1（資料來源2） **濱町**53（資料來源3-5）	同業組合
基隆漁業組合	日新町（資料來源2-5） 入船町1-6（資料來源4-5）	漁業組合
社寮島漁業組合	**社寮町**250（資料來源2-5）	漁業組合
臺灣珊瑚基隆仲買人組合	義重町4-4（資料來源2-4）	任意組合

---

33 〈基隆中流漁業者　新漁港へ移轉　懸案やうやく解決〉,《臺灣日日新報》，第12295號，1934年6月26日，11版。

名稱	所在地	備註
基隆鰹節問屋仲買人組合	旭町3-12（資料來源2-3） 濱町51（資料來源4-5）	任意組合
基隆海產物商組合	旭町1-38（資料來源2-5）	任意組合
保證責任臺灣底曳網漁業販賣購買利用組合	濱町（資料來源5）	產業組合
基隆魚市購買組合	濱町53（資料來源6）	

說　　明：主要依據《基隆市產業要覽》各版別進行判讀。
資料來源：1.桑原政夫編輯，《昭和八年基隆市產業要覽》（基隆市：基隆市役所，1933年），頁27。2.桑原政夫編輯，《昭和十年基隆市產業要覽》（基隆市：基隆市役所，1935年），頁41。3.桑原政夫編輯，《昭和十一年基隆市產業要覽》（基隆市：基隆市役所，1936年），頁20。4.川添修平編輯，《昭和十二年基隆市產業要覽》（基隆市：基隆市役所，1937年），頁21-22、111-112。5.史野謙三編輯，《昭和十三年基隆市產業要覽》（基隆市：基隆市役所，1939年），頁22。6.岡本一郎，《基隆商工名鑑（昭和十一年九月現在）》（臺北市：三協社，1936年），頁1-45。

　　水產關係會社除移轉命令前即已歇業的會社，例如蓬萊水產株式會社及新高漁業株式會社外，幾乎都搬遷至濱町或直接在濱町設立會社，僅臺灣海陸物產株式會社、日華釣艚漁業株式會社、臺灣水產販賣會社仍在市區營運（參見表2-7）。

表2-7　基隆市內水產關係會社

會社名稱	所在地	代表者籍別
臺灣水產株式會社	入船町1-1（資料來源1） 濱町53（資料來源2-4）	日人
蓬萊水產株式會社	日新町3-6（資料來源1）	日人
西村漁業株式會社	日新町3-6（資料來源1） 濱町53（資料來源2）	日人
新高漁業株式會社	日新町5-7（資料來源1）	日人

會社名稱	所在地	代表者籍別
株式會社林兼商店支店（商事部）	日新町5-7（資料來源1） 濱町53（資料來源2-5、8、雜誌238號）	日人
臺洋漁業株式會社	入船町1-6（資料來源1、7） 濱町44（資料來源2-5）	臺人
中部漁業株式會社基隆支店	入船町1-6（資料來源1-2） 濱町44（資料來源3-5、8）	日人
臺灣海陸物產株式會社	旭町2-39（資料來源1-4）	臺人 （1937年解散）
合資會社丸三組	濱町17（資料來源1）	日人
日華釣艚漁業株式會社	福德町1-61（資料來源1-5）	臺人
大華水產合資會社	入船町1-6（資料來源1-2） 濱町44（資料來源3-5）	臺人
日本漁網船具株式會社基隆營業所	日新町4-6（資料來源1） 濱町53（資料來源2-5、雜誌253號）	日人
臺灣水產販賣株式會社	旭町3-5（資料來源1-5）	日人
株式會社蓬萊漁業公司	日新町3-6（資料來源1） 濱町53（資料來源2-3、雜誌236號）	日人
共同漁業株式會社臺灣營業所	濱町53（資料來源2-3、雜誌235號）	日人
日本水產株式會社臺灣營業所	濱町53（資料來源3-5、雜誌241號）	日人
臺灣水產加工株式會社	社寮町28（資料來源4-5）	日人
葉獅商會	濱町53（資料來源8）	臺人

說　　明：主要依據《基隆市產業要覽》各版別進行分析。日本水產株式會社臺灣營業所基隆出張所位於日新町7-1。

資料來源：1.桑原政夫編輯，《昭和八年基隆市產業要覽》，頁28。2.桑原政夫編

輯,《昭和十基隆市產業要覽》,頁42。3.桑原政夫編輯,《昭和十一基隆市產業要覽》,頁21。4.川添修平編輯,《昭和十二年基隆市產業要覽》,頁22-23。5.史野謙三編輯,《昭和十三年基隆市產業要覽》,頁22-23。6.雜誌為《臺灣水產雜誌》,第235號(1934年11月)、第236號(1934年12月)、第238號(1935年1月)、第241號(1935年5月)、第252號(1936年3月)、第253號(1936年4月),廣告欄。7.《大日本職業別明細圖:基隆市(1929版)》。8.岡本一郎,《基隆商工名鑑(昭和十一年九月現在)》(臺北市:三協社,1936年),頁1-45。

漁業用物資販賣業者亦大部分移轉至濱町或在濱町設店或倉庫(參見表2-8),至於基隆市造船業者幾乎都設在基隆漁港區的濱町與社寮町,僅臺灣倉庫株式會社造船工場亦設在濱町鄰近處的真砂町(參見表2-9)。惟鐵工場主要仍是設在三沙灣漁港所在地的入船町,其原因或許是其業務範圍可包括基隆港區,因此大致上未做移轉的動作,僅川本工作所遷移至社寮町,但玉生鐵工所、新發鐵工所、三和鐵工所新設在濱町,協和鐵工所設在社寮町(參見表2-9)。

表2-8 基隆市漁業用物資販賣業者

名稱	所在地	經營者	營業項目
日本漁網船具株式會社 日本漁網船具株式會社基隆營業所	濱町53 (資料來源7)	木屋彥太	漁網船具、水產機械、石油販賣
角谷船具商店 角谷定吉商店濱町支店	日新町 濱町42-1 (資料來源7)	角谷定吉	船具、石油販賣
林兼商店基隆支店	濱町42-1 (資料來源7)	加藤平吉	漁具、船具販賣
南國商會	濱町	立山增太郎	船具販賣

名稱	所在地	經營者	營業項目
松永商店	入船町 （資料來源6） 濱町44 （資料來源7）	松永辰之助	漁具船具販賣
山口商店	濱町	山口三吉	漁具、船具販賣
橫井商店	玉田町1-10 （資料來源7） 濱町53：倉庫 （資料來源7）	橫井勝治郎	石油販賣
出光商會基隆出張所	入船町1-1 （資料來源7） 濱町53：倉庫 （資料來源7）	增野伸	石油販賣
張東隆商行	旭町1-12 （資料來源6） 濱町	張東紅	石油販賣
基隆冷藏株式會社	昭和町13	和泉種次郎 宮上龜七	製冰、冷藏
葉獅商會製冰工場	入船町3-1 （資料來源7）	葉松濤	製冰
日本食料工業株式會社製冰所	雙葉町82 （資料來源7）	伊吹雲	製冰
日本食料工業株式會社製冰所	濱町43 （資料來源7）	伊吹雲	製冰、冷藏
進益商會	濱町53 （資料來源2-4）	施顯錫	木製魚函

名稱	所在地	經營者	營業項目
林兼商店製函部	濱町53（資料來源2） 社寮町28（資料來源3-4）	代表人 加藤平吉	木製魚函
吉武製函所	濱町52（資料來源7）	吉武庄市	木製魚函販賣
吉武製函工場	濱町53（資料來源3-4）		木製魚函
玉生金物船具店	濱町32（資料來源7）		金物船具
岡田商店支店	濱町24（資料來源7）		船具
日本石油基隆油槽所八尺門支所	濱町53（資料來源7）		石油販賣
臺灣倉庫株式會社石油貯藏槽	社寮町150（資料來源7）		石油販賣

資料來源：1.臺北州水產試驗場，《臺北州の水產》（臺北市：該試驗場，1935年），頁30-31。2.桑原政夫編輯，《昭和十一基隆市產業要覽》，頁47。3.川添修平編輯，《昭和十二年基隆市產業要覽》，頁50。4.史野謙三編輯，《昭和十三年基隆市產業要覽》，頁48。5.近江時五郎，《基隆港案內》（基隆市：基隆港灣會，1934年），頁47。6.小松豐，《大日本職業別明細圖——基隆市》，臺北市：東京興信交通社，1933年。7.岡本一郎，《基隆商工名鑑（昭和十一年九月現在）》（臺北市：三協社，1936年），頁1-45。

表2-9　基隆市造船及鐵工業者

名稱	工場所在地	經營者
基隆船渠株式會社／臺灣船渠株式會社	大正町1（資料來源1）說明	代表者近江時五郎
合資會社山村造船鐵工所	入船町2-4、2-5（資料來源1） 濱町31（資料來源2-5、7）	山村為平
河島造船所	濱町31（資料來源1）	河島繁市
井手本造船所	濱町31（資料來源6）	井手本大藏
名田造船所	濱町31、32（資料來源6）	名田為吉
荒本造船鐵工所	濱町32（資料來源6）	荒本孝三郎
大內造船所	濱町32（資料來源6）	大內重郎
峠造船所	濱町89（資料來源1）	峠數登
岡崎造船鐵工所	社寮町59（資料來源1）	岡崎榮太郎
峠造船所	社寮町239（資料來源3-5）	峠友太郎
久野造船所	社寮町255（資料來源1） 濱町54（資料來源7）	久野佐八
辻造船所	社寮町255（資料來源1）	辻藤藏
山本造船所	入船町（資料來源1） 社寮町256（資料來源7）	田尻與八郎
臺灣倉庫株式會社造船工場	真砂町246、247（資料來源1） 社寮町255（資料來源2-5）	代表者三卷俊夫
香取鐵工所	入船町3-2（資料來源1）	加藤節
雲源公司鐵工所	西町33（資料來源1）	游火炎
石井鐵工所 石井分工所	入船町1-36（資料來源7） 堀川町118、119（資料來源1） 入船町2-4（資料來源7）	張井

名稱	工場所在地	經營者
川本工作所	入船町2-1（資料來源1） 社寮町28（資料來源2-5）	川本稔
小島鐵工所	入船町2-1（資料來源1）	小島槇藏
山下鐵工所	入船町2-2（資料來源1）	山下熊次郎
鳥居鐵工所	入船町3-1（資料來源1）	鳥居春次郎
大島鐵工所	入船町3-2（資料來源1）	大島利吉
基隆造船鐵工所	真砂町12（資料來源1）	岡本德太郎
玉生鐵工所	濱町32（資料來源7）	
新發鐵工所	濱町36（資料來源7）	
三和鐵工所	濱町24（資料來源7）	
協和鐵工所	社寮町28（資料來源7）	

說　　明：基隆船渠株式會社被昭和12年（1937年）6月1日所成立的臺灣船渠株式會社收購，後於社寮島設廠。

資料來源：1.臺北州水產試驗場，《臺北州の水產》（臺北市：該試驗場，1935年），頁29-30。2.桑原政夫編輯，《昭和十一基隆市產業要覽》，頁43-44。3.川添修平編輯，《昭和十二年基隆市產業要覽》，頁45-46。4.史野謙三編輯，《昭和十三年基隆市產業要覽》，頁43-44。5.基隆商工會議所編輯，《基隆商工案內》（基隆市：編輯者，1940年），頁63-64。6.小松豐，《大日本職業別明細圖——基隆市》，臺北市：東京興信交通社，1933年。7.岡本一郎，《基隆商工名鑑（昭和十一年九月現在）》（臺北市：三協社，1936年），頁1-45。

除了水產相關團體、組合、會社、販賣業者、以及造船與鐵工業者，開始以基隆漁港為根據地，漸形成漁業產業聚落之際，臺北州水產試驗場於昭和9年（1934）10月搬進位於濱町35番地水產館內辦公[34]，

---

[34] 臺北州水產試驗場前身為臺北州水產試業所，大正11年（1922）10月成立於淡水街，大正14年（1925）該試業所遷至基隆市哨船頭，翌年（1926）8月再搬至基隆市濱町10番地，昭和2年（1927）3月改稱為臺北州水產試驗場。參見臺北州水產試驗場，《臺北州の水產》，頁56-57。

而昭和4年（1929）11月臺灣總督府設置水產試驗場，本場設於殖產局內，另設基隆支場及臺南支場，昭和6年度（1931）試驗場／本場決定改設置於社寮島，廳舍2,000坪設置在基隆漁港埋立地區，官舍200坪建在同島丘陵地上，9月開工，翌年（1932）4月竣工，5月上旬移轉開辦業務。昭和8年（1933）8月基隆支場改制為本場，並設漁撈部、製造部、海洋調查部、化學部、庶務部。（按：今行政院農業委員會水產試驗所前身）。[35]

以船舶職員及海員之養成、以及授於水產相關學術技能之實用的補習速成機關的基隆水產商船講習所，成立於昭和7年（1932）11月30日，校舍本要先借在濱町10番地臺北州水產試驗場或水產館內，後選址在濱町13番地。[36]

隨著機船底曳網漁業與鮪延繩漁業的發達，但相對極度缺乏高級技術船員，基隆人士乃組成「基隆水產講習所期成同盟會」，並於昭和11年（1936）1月15日正式提交陳情書予基隆市役所轉呈臺灣總督府。總督府為回應其船員養成的要求，於同年7月1日在基隆市濱町開設修業年限3年的「臺灣總督府水產講習所」（按：今海大附中前身），而基隆水產商船講習所隨之廢除。[37]當初雖然臺灣總督府水產講習所要

---

[35] 《臺灣水產雜誌》，第167號（1929年12月），頁19-21。〈水產試驗場　社寮島に新設〉，《臺灣日日新報》，第11229號，1931年7月17日，2版。〈水產試驗場設于社蓼島〉，《臺灣日日新報》，第11230號，1931年7月18日，夕刊4版。〈水產試驗場　四月竣功　五月上旬移轉〉，《臺灣日日新報》，第11522號，1932年5月8日，夕刊4版。佐佐木武治編輯，《臺灣水產要覽》（臺北市：臺灣水產會，1940年版），頁106-107。

[36] 臺北州水產試驗場，《臺北州の水產》，頁64-65。〈基隆に水產商船講習所　有力者を糾合して設立運動　機運愈愈熟〉，《臺灣日日新報》，第11595號，1932年7月20日，5版。

[37] 〈基隆水產講所　正式陳情　十五日提出〉，《臺灣日日新報》，第12861號，1936年1月18日，夕刊4版。佐佐木武治編輯，《臺灣水產要覽》，1940年版，頁118-119。

設置在社寮町或濱町是有過爭論,但兩地都位於基隆漁港這一重要漁業產業聚落內,是不爭的事實。[38]

此外,西村多郎助(濱町51)、松下鰹節工場(社寮町255)經營鰹節的製造販賣。吉井光九的吉井商店(濱町8)、和井良平(濱町45)、杉尾喜高(濱町45)、原真一的倫久丸事務所(濱町44)則經營水產與漁業,他們主要設在濱町。[39]

隨著愈來愈多水產相關團體、組合、會社、販賣業者、造船與鐵工業者、水產試驗場、水產學校的遷入或設置在基隆漁港產業聚落內,再加上基隆市漁民住宅的開設,此一漁業產業聚落的人口數亦呈增長的趨勢,昭和7年(1932)人口數2,811人,至昭和14年(1939)人口數達到6,126人,增長幅度117.93%,而且在昭和10年(1935)人口數3,827人首次超過入船町(按:三沙灣漁港所在地)人口數3,505人(詳見表2-10)。

---

38 〈基隆水產商船　計習存廢　議論紛紛〉,《臺灣日日新報》,第12754號,1935年10月2日,8版。〈基隆こそは　總ての條件を具備　水產講習所設置問題につき〉,《臺灣日日新報》,第12833號,1935年12月20日,9版。〈民有地を買收し　市民が寄附　講習所敷地に充當〉,《臺灣日日新報》,第12990號,1936年5月27日,9版。〈建設敷地　濱町或社寮〉,《臺灣日日新報》,第12991號,1936年5月28日,8版。
39 岡本一郎,《基隆商工名鑑(昭和十一年九月現在)》(臺北市:三協社,1936年),頁3、12-13、23、38。

表2-10　1932-1939年基隆市入船町、濱町、社寮町人口數

年別	町名	臺灣人 漢人 男	女	計	平埔族 男	女	計	日本人 男	女	計
1932	入船町	604	598	1,202	0	0	0	1,116	939	2,055
	濱町	193	172	365	7	2	9	186	139	325
	社寮町	661	704	1,365	48	34	82	349	264	613
	濱町＋社寮町	854	876	1,730	55	36	91	535	403	938
1933	入船町	592	585	1,177	0	0	0	1,093	907	2,000
	濱町	184	170	354	8	4	12	212	160	372
	社寮町	607	625	1,232	49	25	74	333	251	584
	濱町＋社寮町	791	795	1,586	57	29	86	545	411	956
1934	入船町	602	591	1,193	0	0	0	1,033	872	1,905
	濱町	239	227	466	10	5	15	283	167	450
	社寮町	612	618	1,230	50	26	76	473	401	874
	濱町＋社寮町	851	845	1,696	60	31	91	756	568	1,324
1935	入船町	633	607	1,240	0	0	0	1,105	935	2,040
	濱町	277	238	515	4	3	7	341	204	545
	社寮町	637	618	1,255	54	27	81	630	482	1,112
	濱町＋社寮町	914	856	1,770	59	30	89	971	686	1,657

年別	町名	臺灣人 男	臺灣人 女	臺灣人 計	日本人 男	日本人 女	日本人 計
1936	入船町	679	649	1,328	1,131	940	2,071
	濱町	289	263	552	472	307	779
	社寮町	744	756	1,500	699	597	1,296
	濱町＋社寮町	1,033	1,019	2,052	1,171	904	2,075
1937	入船町	634	638	1,272	1,200	1,018	2,218
	濱町	303	278	581	627	422	1,049
	社寮町	799	811	1,610	782	690	1,472
	濱町＋社寮町	1,102	1,089	2,191	1,409	1,112	2,521
1938	入船町	622	660	1,282	1,209	1,005	2,214
	濱町	331	324	655	626	436	1,062
	社寮町	978	985	1,963	794	709	1,503
	濱町＋社寮町	1,309	1,309	2,618	1,420	1,145	2,565
1939	入船町	701	756	1,457	1,217	982	2,199
	濱町	330	335	665	618	414	1,032
	社寮町	1,045	1,074	2,119	950	748	1,698
	濱町＋社寮町	1,375	1,409	2,784	1,568	1,162	2,730

說　明：1.1936年臺灣人不再細分漢人與平埔族、高砂族。2.1935年濱町有1名男性高砂族，已列入總數內。

資料來源：依據《臺灣現住戶口統計》（1932-1933）、《臺灣常住戶口統計》（1934-1939）製表。

表2-10　1932-1939年基隆市入船町、濱町、社寮町人口數（續1）

年別	町名	朝鮮人 男	朝鮮人 女	朝鮮人 計	中華民國 男	中華民國 女	中華民國 計	合計 男	合計 女	合計 合計
1932	入船町	14	20	34	102	49	151	1,836	1,606	3,442
	濱町	0	0	0	5	1	6	391	314	705
	社寮町	0	0	0	35	11	46	1,093	1,013	2,106
	濱町＋社寮町	0	0	0	40	12	52	1,484	1,327	2,811
1933	入船町	24	16	40	113	54	167	1,822	1,562	3,384
	濱町	0	0	0	4	1	5	408	335	743
	社寮町	13	12	25	32	16	48	1,034	929	1,963
	濱町＋社寮町	13	12	25	36	17	53	1,442	1,264	2,706
1934	入船町	31	18	49	84	54	138	1,750	1,535	3,285
	濱町	2	1	3	3	2	5	537	402	939
	社寮町	58	50	108	29	22	51	1,222	1,117	2,339
	濱町＋社寮町	60	51	111	32	24	56	1,759	1,519	3,278
1935	入船町	37	19	56	107	62	169	1,882	1,623	3,505
	濱町	10	8	18	10	2	12	643	455	1,098
	社寮町	135	91	226	32	23	55	1,488	1,241	2,729
	濱町＋社寮町	145	99	244	42	25	67	2,131	1,696	3,827
1936	入船町	16	9	25	103	84	187	1,929	1,682	3,611
	濱町	46	24	70	27	3	30	834	597	1,431
	社寮町	99	91	190	65	34	99	1,607	1,478	3,085

年別	町名	朝鮮人 男	朝鮮人 女	朝鮮人 計	中華民國 男	中華民國 女	中華民國 計	合計 男	合計 女	合計 合計
1936	濱町＋社寮町	145	115	260	92	37	129	2,441	2,075	4,516
1937	入船町	1	0	1	75	60	135	1,910	1,716	3,626
	濱町	28	11	39	15	3	18	973	714	1,687
	社寮町	118	101	219	61	22	83	1,760	1,624	3,384
	濱町＋社寮町	146	112	258	76	25	101	2,733	2,338	5,071
1938	入船町	3	5	8	82	49	131	1,916	1,719	3,635
	濱町	101	3	104	3	0	3	1,061	763	1,824
	社寮町	156	108	264	41	21	62	1,969	1,823	3,792
	濱町＋社寮町	257	111	368	44	21	65	3,030	2,586	5,616
1939	入船町	15	9	24	97	69	166	2,030	1,816	3,846
	濱町	214	8	222	5	0	5	1,167	757	1,924
	社寮町	147	136	283	73	29	102	2,215	1,987	4,202
	濱町＋社寮町	361	144	505	78	29	107	3,382	2,744	6,126

資料來源：依據《臺灣現住戶口統計》（1932-1933）、《臺灣常住戶口統計》（1934-1939）製表。

第四節　基隆漁港興建的經濟效益
　　　　——一個數量方法的驗證

　　基隆漁港的興建對基隆市水產生產總額達到多少經濟效益？可進一步利用 Douglass C. North 的「制度分析法」，以虛擬變數來檢驗其對

基隆市水產生產總額的影響。若以基隆漁港興建完成年的昭和9年（1934）為分界點，以虛擬變數（$D_{1925\text{-}1933}=0$，$D_{1934\text{-}1941}=1$）進行迴歸分析後，僅有16.36%相關聯，若以竣工後的隔年昭和10年（1935）為分界點，亦僅達26.50%，表示產業群聚效益在基隆漁港完工初期尚未彰顯出來。

其實，移轉命令頒布後，三沙灣漁港所在地──入船町的部分漁民，認為基隆漁港的設備尚未完善，不願搬遷，延宕有3年時間；另有漁船主也因前述理由尚未於基隆漁港碇泊。[40]惟隨著產業聚落的逐漸成形，在昭和13年（1938）其效益已達56.49%，至昭和14年（1939）更高達77.31%。

產業的發展除了靠業界的努力之外，政府所扮演的角色也非常重要。以本案為例，臺灣總督府與臺北州廳共同合作（按：中央與地方合作模式）興建基隆漁港這一基礎建設，再加上基隆市役所興建漁民住宅，都為漁業發展做出貢獻，就經濟效益來講是成功的。

表2-11　基隆市水產生產總額

年別	生產總額（圓）	年別	生產總額（圓）
1925	5,792,326	1934	4,024,040
1926	6,207,955	1935	5,358,547
1927	4,878,826	1936	5,397,390
1928	6,802,318	1937	5,331,471

40　〈八尺門漁港碇泊の延期願〉，《臺灣日日新報》，第12531號，1935年2月19日，7版。〈隆入船町漁民の移轉は一年延期　それまでに八尺門漁港の設備を完全なものにする〉，《臺灣日日新報》，第13025號，1936年7月1日，7版。〈入船町の船溜移轉　今年も延期さる　基隆市區整理の癌とさへ謂はれ　延期する事既に三年〉，《臺灣日日新報》，第13286號，1937年3月21日，9版。

年別	生產總額（圓）	年別	生產總額（圓）
1929	7,925,204	1938	5,607,892
1930	5,618,365	1939	9,691,001
1931	3,709,690	1940	13,157,492
1932	3,206,793	1941	11,319,615
1933	3,871,740		

資料來源：《臺北州統計書》，各年度。

小結

　　隨著基隆港商務的繁忙、以及漁業的開展，一方面因為港區商船、漁船幅湊，險象環生，有失一個做為國際商港的名聲，另一方面由於漁業的發展，位於港內的三沙灣漁港不夠碇泊，因此臺灣總督府在第四期築港工程中，即以港灣整理為目的，將漁港移轉至八尺門、社寮島一帶，如此一來不僅可促使水產業進一步的飛躍，也促進基隆港灣效率的發揮與港灣機能統制的完整。總督府負責基隆漁港的興建，至於漁港的陸上設備例如水產館、魚市場、倉庫、漁業無線局……等則由臺北州廳來完成，基隆市役所則完成市營漁民住宅。至昭和9年（1934）基隆漁港竣工，三沙灣漁港同年7月1日起正式移轉至基隆漁港，相關漁業機構、漁民、漁船亦必須搬遷，與漁業相關業者亦主動將其事業移轉至基隆漁港區，臺北州水產試驗場及臺灣總督府水產試驗場與水產學校亦前後設置在此，漁業產業聚落可謂形成，而此一漁業產業聚落之經濟效益在漁港完工之際雖尚未彰顯，惟至昭和13年（1938）經濟效益已大幅增長至56.49%，昭和14年（1939）更高達77.31%。

第三章
南進政策下高雄漁港的角色

　　高雄港是南臺灣唯一的良港，控扼南海及南洋廣大的良好漁場，賦有日本漁業南進策源地的使命。再加上南部漁業的逐漸發展，漁港機能實際需求與日俱增，尤其是1920年代中期以來，因為石油發動機漁船的勃興，鮪魚、旗魚延繩釣漁業，逐年急增，愈顯發達，日本來的漁業者多，加上臺灣人漁業者對該漁業是有利益可圖而覺醒，從竹筏、中國型船漁業轉至該漁業者激增。日臺資本家亦以高雄為中心的水產業愈來愈多，鯔巾著網漁業、機船底曳網漁業及汽船拖網漁業等新規漁業，漸次計畫與展開，因此高雄漁港的興建成為當務之急。本章即說明為何要興建高雄漁港及其對水產南進有何貢獻？高雄漁業長期發展趨勢又為何？高雄漁港有無像基隆漁港設置後形成密集性漁業聚落？漁業資本家在高雄漁港投資的情形又如何？並以數量方法探究興建高雄漁港的經濟效益為何？

第一節　高雄漁港的興建

　　高雄舊稱「打狗」，荷領時期臺灣最盛的漁業，即是以臺灣南部海岸打狗、堯港為中心的鯔魚（烏魚）漁業。自明萬曆末年以來，在華人的記載中，常提到打狗與堯港，而荷蘭人更稱打狗為臺灣島西岸最良好的停泊港。[1]至日本領臺之際，除了鯔漁業，尚有其他漁業的

1　中村孝志著、北叟譯，〈荷蘭時代臺灣南部之鯔漁業〉，收錄於吳密察、翁佳音編，

發展。從日本領臺初期對於打狗地區的旗后街與苓仔藔的水產調查可以瞭解，當時使用船具為竹筏，漁具包括舥網、苓網、手網、網仔、放緄仔、釣魚桿，漁獲有烏魚、鯊魚、加蚋魚、狗母魚、臭魚（烏喉）、烟仔魚、鐵甲魚。[2]

惟伴隨南部漁業的發展，漁港機能實際需求，亦與日俱增，完工於第一期築港（1908-1912）的臺灣地所建物株式會社埋立地工程中的哨船頭船渠（按：可視為高雄漁港的前身），著實不夠因應，尤其1920年代中期以後，隨著動力化漁船的發展，高雄漁港的設置與新建，已成當務之急。日治時期的高雄港做為日本帝國南進的根據地，是眾所周知之事，其實高雄漁港的興建的目的之一亦是要展開水產業的南進。高雄州廳提出高雄漁港施設費資金借入案件時，就提到「高雄港是臺灣南部水產業的中心，當然也是南支南洋漁場的中心。雖然它肩負著成為日本帝國漁業中心的使命，但做為一個漁港，它幾乎沒有任何設施，因此，當務之急，它需要擴大繫船場和陸地設施兩項工程。」[3]可見，高雄漁港興建的迫切性，而它的興建亦即將提供南進水產業者的堅實後盾，無論在補給或運銷上。

一　哨船頭船渠

米、糖為打狗港重要商品，整體而言1900年以後，米、糖已成為

《荷蘭時代臺灣史研究》（臺北市：稻鄉出版社，1997年），上卷：概說・產業，頁125。

2　「水產調查復命書」（1896年4月1日），〈明治二十八年至明治二十九年臺南縣公文類纂永久保存第十五卷內務門殖產部〉，《臺灣總督府檔案・舊縣公文類纂》，國史館臺灣文獻館，典藏號：00009678011，頁68-70。

3　「高雄漁港施設費資金借入金額減額ノ件」，〈昭和三年國庫補助永久保存第七卷地方〉，《臺灣總督府檔案・國庫補助永久保存書類》，國史館臺灣文獻館，典藏號：00010550001，頁11、20。

打狗港出口貿易的要項，更是對日貿易的主體。再以三井財閥為代表的日資商社逐漸掌控打狗港的米、糖輸出，這反映出打狗港對於日本的重要性，意味著港埠改善有其必需性與迫切性，而其港埠作業的根本解決之道是現代化築港。明治33年（1900）6月，由臺灣總督府技師川上浩二郎主持展開為期9個月的調查，隨即提出6年築港計畫，惟此際正值基隆築港第一期工程（1900-1906），臺灣總督府以打狗築港所需經費高達560萬圓，在財政困難下先將其擱置。[4]

築港雖被暫時擱置，惟為了增加海陸運功能，提升貿易量，明治37年（1904）6月，鐵道部達成以浚渫泥沙、埋築海埔的工法，展開擴建臨時火車站的決策，而其具體工程包括（一）填築埋立地，即海埔新生地；（二）延長鐵路線至海埔新生地濱海處；（三）將火車站遷移至濱海處。明治38年（1905）12月，埋立地陸續完成，鐵路線隨之延伸到海埔地，約至今日的鼓山魚市場。明治38年至40年（1905-1907）鐵道部埋立地倉庫亦陸續完成，濱線海陸聯運功能亦加彰顯。[5]

隨著臺灣產業的迅速發展，打狗築港的迫切性更加急迫，最終高雄港第一期築港工程於明治41年（1908）開工，明治45年（1912）完工，主要工程如下：

（一）港內疏浚：浚渫港內水域，範圍：長1,030間（約1854公尺）、寬200間（約360公尺），浚渫深度為退潮水面下24尺（約7.2公尺）。

（二）建碼頭：在上述水域的北岸興建2座碼頭，第一碼頭長160間（約288公尺），可泊靠長400尺（約120公尺）船舶3艘；第二碼頭長480間（約864公尺），可泊靠上述同型船舶7艘。另外設置5個繫船浮筒，以備4艘船錨泊。

---

4 李文環等著，《高雄港都首部曲──哈瑪星》（高雄市：高雄市文化局，2015年），頁41。

5 李文環等著，《高雄港都首部曲──哈瑪星》，頁41-43。

（三）碼頭規模：碼頭總面積37,000坪。第一碼頭位於明治37年（1904）以來鐵道部埋立地的鐵道用地，此處設有鐵道火車站和稅關。第二碼頭是從第一碼頭向東南方延伸的地方，上有16,000坪上屋倉庫的基地，並設置15,000坪的木材堆置場。

（四）市街與運河：第一碼頭背部連續土地面積約70,000坪區域，預計做為市街預定地（按：即後來的湊町），其西側修築長440間（約792公尺）、寬30間（約54公尺）、深6尺（約1.8公尺）的運河，以便捷市街交通。

（五）鑿除港嘴獨立岩礁，使港口寬幅達350尺（約105公尺）、深度達退潮水面以下30尺（約9公尺），港口兩側設六等燈臺。

（六）清除港門外淺洲之部分約百間（180公尺左右），掘開供船舶進出的水道，兩側並設置航路標識的浮標。[6]

第4項工程中的運河即是哨船頭船渠（高雄漁港的前身），其與臺灣地所建物株式會社在第一期築港工程的土地開發所填築的埋立地有關係。第一期築港工程的土地開發，係臺灣地所建物株式會社所填築的埋立地，亦即後來的「湊町」。[7]

臺灣地所建物株式會社創辦人暨社長是東京市富商淺野總一郎，明治29年（1896）以調查員身分來到臺灣，看好臺灣未來發展，遂於基隆、蘇澳、打狗等地進行土地收購。在打狗方面，沿著打狗山麓購買田地、宅地、草地、鹽田與養魚池等。依據明治30年（1897）9月臺南縣調查報告指出，淺野總一郎在打狗地區共購置43筆土地，其中

---

6 臺灣總督府土木局高雄出張所編，《高雄築港誌》，第4篇第1章第1節，出版項目不詳。臺灣總督府土木部，《打狗築港》（臺北：臺灣總督府，1912年），頁9-10。

7 臺灣地所建物株式會社埋立地與鐵道部埋立地構成日治時期高雄市相當重要的新街區——湊町與新濱町，亦即今日的「哈瑪星」所在地。

最大一筆土地（第28筆）是以10,000圓向張汝星購置其位於鹽埕埔及打狗山腳下186,000坪的養魚池，而淺野總一郎社長所購買的這座養魚池為其臺灣地所建物株式會社展開填築埋立地的基礎。[8]

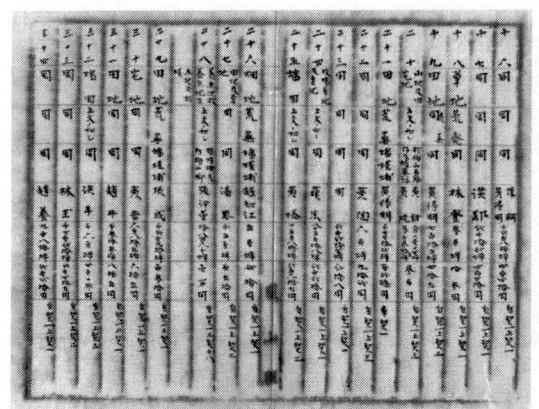

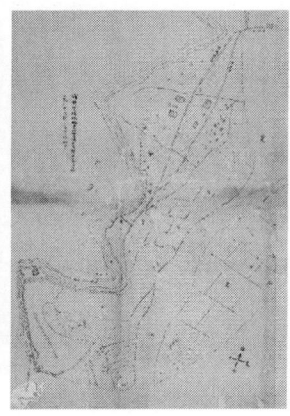

圖3-1　淺野總一郎在打狗地區共購置43筆土地之清單及略圖
資料來源：「旗後及塩定埔內地人買收地調書及附錄（元臺南縣）」，典藏號：00009789017。

臺灣地所建物株式會社申請填築埋立地起初不太順利，直到明治39年（1906）5月鐵道部埋立地填埋完成之際，社長淺野總一郎藉機再度提出申請，申請的埋立地共分3個部分，船渠上仍有長橋（川圓橋）的設計，明治40年（1907）變更設計，修改船渠、拆除長橋、浚渫水深並將所得土砂填築埋立地、以及諸多土地讓利情事等，經核准，於明治41年（1908）分6期施工，哨船頭船渠護岸、浚渫為第1期工程。[9]埋立地於明治45年（1912）3月全部竣工，而新建房屋則井然

8　「旗後及塩定埔內地人買收地調書及附錄（元臺南縣）」（1897年9月1日），〈明治三十年臺南縣公文類纂永久保存第一三〇卷稅務門賦稅部〉，《臺灣總督府檔案・舊縣公文類纂》，國史館臺灣文獻館，典藏號：00009789017。
9　「打狗海面埋立地台灣地所建物株式會社許可ノ分拂下處分報告（臺南廳其外）」

櫛比地陸續興建完成。[10]

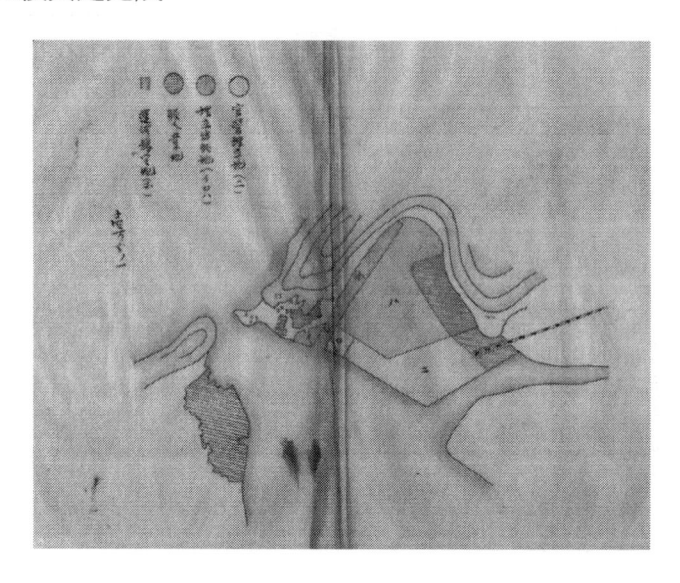

圖3-2　淺野總一郎所擬埋立地規劃圖

資料來源：「打狗海面埋立地台灣地所建物株式會社許可ノ分拂下處分報告（臺南廳其外）」，典藏號：00002122002。

二　高雄漁港

　　隨著日本統治臺灣，有愈來愈多的日本漁民來臺灣從事漁業，一開始日本人從事漁業是在基隆，這是因為基隆附近有很多好的漁場，再加上臺北生魚需求大且基隆至臺北的交通便利，銷售無虞。漁民大多來自鹿兒島、熊本、長崎三縣，漁船漁具同是慣用同地方，大多使用延繩釣漁法。漁獲物主要是鯛魚，其次有鰆魚、鮪魚、鰤魚等，皆

（1913年4月1日），〈大正二年臺灣總督府公文類纂永久保存第三十五卷地方〉,《臺灣總督府檔案・總督府公文類纂》，國史館臺灣文獻館，典藏號：00002122002。
10 〈臺灣地所會社現狀〉,《臺灣日日新報》，第4616號，1913年4月12日，5版。

使用延繩釣漁法。至1900年代中期，年漁獲量約10萬斤，價格3萬左右，漁場從野柳岬至鼻頭角。[11]

爾後日本人也往南部從事漁業，大正5年（1916）出版的《臺灣水產案內》中提到日本人漁業主要有：（一）鮪延繩釣漁業：夏季北部海面使用延繩釣，可以捕獲鮪魚。大正2年（1913）起漁獲甚多，同年10月，南部鮪延繩釣試驗有很好成績，將成為出色的漁業。（二）鯛延繩釣漁業：一般日本式漁船，在北部以基隆及淡水、南部以打狗為根據地，從事該漁業。從山口縣、大分縣來的，大部分集合在基隆，漁期間有數百艘以上的船隻出海，魚價貴，所以利潤高。特別的是打狗的一支釣漁業近來有長足的發展。[12]從案內可見，1910年代打狗已有日本人在從事鮪、鯛延繩釣漁業、以及一支釣漁業。

至於臺灣人漁業則從打狗到大板埒（南灣）南海岸使用搖鐘網、地曳網（牽罟）、飛魚流網、鰡卷網及鱶、鯛其他延繩類、夜光貝的採集，漁船主要使用竹筏。惟阿緱廳下東港鱶延繩釣漁業使用日本漁船，因大正初年日本山口縣移住漁民有數戶住在東港，當地臺灣漁民習得此漁法。[13]

高雄港是南臺灣唯一的良港，控扼南支南洋廣大的良好漁場，賦有日本漁業南進策源地的使命。再加上南部漁業的逐漸發展，漁港機能實際需求與日俱增，尤其是1920年代中期以來，因為發動機漁船的勃興，鮪魚、旗魚延繩釣漁業，逐年急增，愈顯發達，日本來的漁業者多，加上臺灣人漁業者對該漁業是有利而覺醒，從竹筏、中國型船漁業轉至該漁業者激增。日臺資本家亦以高雄為中心的水產業愈來愈

---

11 伊藤祐雄編纂，《臺灣水產概況》（臺北：臺灣總督府民政部殖產局，1907年），頁15。
12 臺灣總督府民政部殖產局，《臺灣水產案內》（臺北：該局，1916年），頁8、10。
13 臺灣總督府民政部殖產局，《臺灣水產案內》，頁6-7。

多，鰹巾著網漁業、機船底曳網漁業及汽船拖網漁業等新規漁業，漸次計畫與展開。惟此等漁業根據地其設備僅有狹隘的哨船頭船渠及不完全的魚市場之外，沒有任何的設備，更不用說船渠的擴張、完備的魚市場、水產加工場、船揚場、漁具乾場、給水設備、給油設備、碎冰供給設備及漁業者住宅等，高雄漁港的設置與興建成為重要議題。[14]

大正13年（1924），遂由交通局高雄築港出張所提出3年2期的漁港修築計畫，向臺灣總督府申請780,000圓總工程費，惟未獲總督府認可。大正14年（1925）再度提出，仍未獲通過。[15]大正15年（1926）5月，高雄商工會在第10回全島實業大會上，提案「漁港速成請願」獲大會通過，同時向總督府陳請，尋求理解。[16]在官民共同熱望急施下，當時《臺灣日日新報》亦大幅報導：

> 高雄鄰近好漁場，其地形具備漁港設置的必要條件，亦即高雄港不受限天候與潮流，漁船出入容易，壽山海拔1千1百70餘尺，適合做為船的目標，港內的水域寬廣，將來擴張的空間還很大，得以自由地設計等。另一面南臺灣水產業，特別是以高雄港為根據地的漁業逐年發展，漁船改良上相當醒目的臺灣人廢棄以往的竹筏，建造動力漁船者多，大正9年（1920）發動機漁船僅有27艘，5年後的大正14年（1925）有160餘艘，幾乎激增了6倍，伴隨而來的就是漁獲量增加。大正9年高雄魚市場交易量1,385,377斤、交易額359,305圓，至大正14年分為5,020,893斤、1,075,616圓（按：分別增加262.42%、199.36%）。更進一步的是高

---

14 濱田龜一郎，《高雄漁港とその陸上設備》（高雄市：高雄魚市株式會社，1930年），頁1。
15 濱田龜一郎，《高雄漁港とその陸上設備》，頁1。
16 蔡昇璋，〈興策拓海：日治時代臺灣的水產業發展〉，臺北市：國立政治大學台灣史研究所博士論文，2017年，頁345。

雄橫濱直航線的鮮魚移出量與價格，大正11年69,714斤、24,400圓，大正14年為1,048,709斤、325,100圓，僅4年而已分別增加了15倍、以及13倍，鮮魚移出之旺盛如實說出，而今後不僅期待愈來愈多的鮮魚移出、內臺資本家以高雄為中心。漁業中受到矚目如鰡巾著網漁業已經開始著手、二艘引底曳網漁業也有十幾組獲得許可同意書，且鰹漁業在近年有轉向勃興的機運，常能見到來自基隆、日本方面大型船的回航。臺灣南部近海在冬期是鮪魚、旗魚、鰡漁業，夏期主要是鰹漁業，全年皆得以活動。今高雄若能擺脫季節性漁港，今後漁獲無論增加趨緩，目前大正15年度的漁獲預估有250餘萬圓，況且尚有最近臺灣總督府水產試驗船凌海丸的中國沿岸漁場調查的結果，發現以高雄為根據的大片面積好漁場，其前途有大的期望。[17]

就當時高雄港現狀而言，僅有哨船頭船渠，但缺點不少：

（一）魚市場設備不完全，漁獲物卸貨地點與魚市場之間有段距離，不僅交易不便，也對於魚體造成不少損傷。
（二）沒有漁船拖曳場，對船體保存上隱藏著莫大的不利。
（三）沒有網乾場、網染場，阻礙漁業的振興與發達。
（四）發動機船唯一漁具為鮪鱻延繩，現狀只能在道路上整理，沒有其他合適的地方。
（五）漁船繫留場在魚市場前運河的一部分，且運河寬度僅不過25間，漁船出入不僅不便，而且因相碰等因素使船體受損之事頻繁。

---

[17]〈當面の急務たる　高雄漁港設置問題（上）　徒爾ならざる官民の熱望〉，《臺灣日日新報》，第9411號，1926年7月16日，2版。

（六）發動機漁船現在有160餘艘，此外日本型船95艘，支那型船20艘，竹筏600艘，做為漁船繫留場除了在高雄灣內中右運河以外，僅有旗後外海的砂濱。

（七）沒有水產物加工用地，難免水產製造不振，近年鰹漁業的勃興，鰹節工場只能利用舊有建物，顯得狹隘，需要其他適合的地方。

（八）漁港必要的造船所僅有小規模2、3家。[18]

若不去解決上述船渠缺失，卻要圖謀漁業的發達，可謂緣木求魚。更何況當時以高雄為根據地的發動機漁船，約有三分之二（80艘）在暴風雨來臨時，沒有安全避難地點，無法保護漁業者唯一的財產，此際當局要獎勵日本漁民移住高雄，實屬本末倒置。

臺灣本島重要漁業根據地北部在基隆、蘇澳，南部則僅在高雄。基隆、蘇澳做為面對東海、本島北部海面的漁業根據地之際，有相當的開發，而高雄位於向日本帝國西南海面未開拓漁場發展的絕佳位置，必須設置漁港。若能排除以上諸點缺失，如此一來不但可以保護當下的漁業者，更可以從日本內地招來漁業者，儘可能開放其對西南方面的漁場開拓，獲得經濟的利源，也有國家勢力範圍擴張的意味。[19]

大正15年（1926）8月新任總督上山滿之進巡視高雄州，高雄州知事三浦碌郎，特地向總督說明高雄漁港修建的重要性，獲得總督同意。昭和2年（1927），高雄州以37餘萬圓（按：半數由國庫補助）開始進行第一期築港工程。[20] 5月11日對哨船町部分居住者發出7月中撤離

---

18 〈當面の急務たる　高雄漁港設置問題（下）　徒爾ならざる官民の熱望〉，《臺灣日日新報》，第9412號，1926年7月17日，2版。

19 〈當面の急務たる　高雄漁港設置問題（下）　徒爾ならざる官民の熱望〉，《臺灣日日新報》，第9412號，1926年7月17日，2版。

20 高雄州，《高雄州產業調查會水產部資料》（高雄市：該州，1936年），頁512。

現駐所,7月進行具體工事。[21]昭和3年(1928)3月漁港碼頭工程完工,陸上設備則於昭和4年(1929)完工。[22]如下:

(一) 魚市場事務所:為煉瓦造2層樓建築,共132坪。1樓設有魚市場事務所、漁港事務所、輪值室、浴室、廁所等,2樓則有大、小會議室、魚市業者事務所、倉庫等。

(二) 拍賣場:分為有頂棚與無頂棚的拍賣,建坪分別為600坪與393坪。

(三) 置物場與漁獲販賣業者倉庫:為木造1層樓平房,以亞鉛板葺,建坪96坪、置物場87坪,漁獲販賣業者倉庫9坪。

(四) 冷藏庫:為磚造,內部鋪設木板及亞鉛板,建坪約14坪。

(五) 貨車裝載設備:有2個。

(六) 食堂:為木造1層平房,以亞鉛板葺,建坪約25坪。

(七) 廁所:為磚造平房,建坪約8坪。

(八) 空箱放置場、簡易型貨車停車場:建坪約150坪。

(九) 重油供給事務所:為磚造2層樓建物,1樓為磚造,2樓以木造為主,屋頂以紅瓦覆蓋,建坪約17坪。

(十) 儲油槽:為供應動力漁船所用燃油。

魚市場內有2條濱線鐵道的末端支線,用於運輸漁獲及漁港對外聯絡。[23]高雄漁港興建之際有一插曲,高雄市魚市場專屬魚類仲買人30餘

---

21 〈高雄州新事業 運河擴張施設〉,《臺灣日日新報》,第9713號,1927年5月14日,夕刊第1版。〈高雄漁港 工事著手〉,《臺灣日日新報》,第9797號,1927年8月6日,4版。

22 濱田龜一郎,《高雄漁港とその陸上設備》,頁3、9。高雄州,《高雄州產業調查會水產部資料》,頁514-518。

23 濱田龜一郎,《高雄漁港とその陸上設備》,頁7-10。

名，認為漁港施設中的魚類拍賣市場從湊町遷移至對岸哨船町是相當不便，因此8月31日至高雄州水產股陳請。[24]最後高雄州在研究各方面利害，決定興建在船渠前方可連結新濱線（即位於新濱町二丁目）。

因應從業漁船及大型漁船的增加，負責營運管理的高雄州水產會，亦再三擴充及改善漁港設施。例如高雄魚市場拍賣場護岸工程、漁業用無線電信電話局的設置。（一）高雄魚市場拍賣場護岸工程：昭和8年（1933）總預算33,920圓修築，設計與工事執行皆委託交通局高雄出張所，同年10月10日施工，昭和9年（1934）1月14日完工；（二）漁業用無線電信電話局：基於增進漁業效能、防止船難等因素，漁業用無線電信電話局，昭和8年度（1933）預算24,100圓，局舍由州土木課設計監督，高雄金子組施工於昭和8年10月2日，至於鐵塔工事、器具、機械則在交通局遞信部設計監督，並由臺北市山下商店施工，昭和9年（1934）2月21日竣工，5月1日正式放送。[25]

此外，依據昭和11年（1936）出版的《高雄州產業調查會水產部資料》及《高雄州產業調查會水產部答申》顯示，高雄漁港已成為鮪魚、旗魚延繩釣漁業之中心，繫船能力漁船噸數以20-30噸，馬力30-40馬力級為基準，而拖網汽船、底曳網漁業／採藻漁業／採貝漁業機船等中型漁船的發展，已使得高雄漁港其漁船繫留、出漁準備、漁獲物卸載和水產業加工及其他設備等，明顯感到不足與不便利。既然高雄為日本南方漁業開發的根據地，若不加改善，對南方漁業的影響頗大。再加上做為爾後臺灣島內消費食膳魚類之主要卸貨場，必須加以擴充、完備各項施設，諸如漁獲物卸貨碼頭的擴建、漁港泊船深度加

---

24 〈存置請願〉，《臺灣日日新報》第9824號，1927年9月2日，2版。〈高雄の魚市移轉問題　漁業者の言分〉，《臺灣日日新報》第9830號，1927年9月8日，夕刊1版。
25 高雄州水產會，《高雄州水產會報》第11號（1934年5月），頁4；第12號（1935年3月），頁33、67。

深、給水、供油、製冰、水產加工工場、造船鐵工所、船渠用地、漁民住宅用地、鐵道、航路運輸交通等等之設施、用地，都需事先詳細調查並擬定計畫，以期更加完備高雄遠洋漁業基地的機能與作業。[26]

因此，在衡量實際情況後，高雄州產業調查會提出高雄漁港改善計畫，舉其要者：（一）在旗後增設停泊設施；（二）將現高雄漁港劃分為二，以哨船頭碼頭做為漁獲卸載區，旗後則做為包含出漁準備、加工設備及休息設施等區域；（三）修築延長哨船頭濱海倉庫岸壁，以方便拖網船、手繰船、冷藏運搬船等大型漁船之停靠及作業；（四）考量現在哨船頭碼頭收容能力，以及汽船拖網、機船底曳網、工船漁業等將來之發展性，應進行旗後漁港必要施設，如水深、漁業用地等規劃；（五）製冰工場、冷藏庫、供冰設備、給水設備、重油槽、供油設備、漁具染場／乾場／倉庫、餌料及日用品供應所等，必須更加完備；（六）罐頭工場、鰹節製造工場……等製造各式工場用地及設備，應更加完善齊備，才能有效振興水產加工業；（七）其他相關造船維修之造船所、船渠、鐵工所、漁業住宅、水產試驗場、水產會、漁港事務所、各組合事務所……等等，同時配合沿岸漁業發展與其他州下沿岸漁港的修築，都是做為南方漁業發展根據地——高雄，大規模漁港築造計畫中之重要構成部分。[27]

以高雄為南進根據的南支南洋漁業發展快速增長，高雄漁港確實不敷使用，當務之急，在高雄州下選定船溜場進行修築是可行方案。[28]同屬高雄市的旗後自然被選上，也符合高雄州產業調查會高雄漁港改善計畫。首先是增設旗後停泊設施：投入國庫預算800,000圓

---

26 高雄州，《高雄州產業調查會水產部資料》，頁512-519。高雄州，《高雄州產業調查會答申書》（高雄市：該州，1936年），頁124-128。
27 高雄州，《高雄州產業調查會水產部資料》，頁519-521。蔡昇璋，〈興策拓海：日治時代臺灣的水產業發展〉，頁355-356。
28 高雄州水產會，《高雄州水產會報》第12號（1935年3月），頁71。

興建綠町[29]漁船船溜，昭和12年（1937）度起工，約有100,000坪埋立地，讓漁港高雄有一新面目，完工後的船溜水面積約60,000平方米，與基隆漁港相比毫不遜色，漁船包容力可達400艘。高雄市應對的就是立下陸地施設的計畫，包括（一）漁民住宅的建設；（二）漁業組合事務所、漁業倉庫、鰇皮工場的建設；（三）公學校的建設。[30]而高雄漁港有關漁船修造船場與漁船用機關修製鐵工所分別有9間、8間，聚集在旗後、哨船町、以及湊町。[31]

「南進」的概念是近代日本在對外關係及對外發展戰略方面最常使用的一個概念，南進範圍指有日本南面海域諸島及東南亞各地。日本在一戰時期兼併德屬諸島，將被稱為內南洋的該片海域納入囊中，南進的目標進而指向以東南亞為中心的外南洋或整個西太平洋地區。1930年代之前，雖然臺灣總督府不斷推動以臺灣為中心的南進政策，惟日本政府主要目標在於以朝鮮為重心的北進政策，以致臺灣總督府的南進政策並未獲得日本政府及財閥的支持。直至1930年代初期，臺灣總督府藉治臺40年之際，在臺北舉辦規模盛大的臺灣博覽會，並先後成立熱帶產業調查會及臺灣拓殖株式會社，開始積極推行其圖謀以久的南進政策。[32]

由於高雄州地理上的優勢地位，擁有高雄良港，不但是南部臺灣水產業中心，又是南方漁業開發的策源地，特別是占南支南洋方面漁

---

29 綠町是日治時期高雄市的行政區劃之一，在平和町之南，約等於今旗津區中華、實踐、復興等里南側，以及北汕、南汕兩里所轄範圍。

30 〈大漁港！高雄　船溜が愈よ完成すねば　漁船の包容力は二倍〉，《臺灣日日新報》，第13903號，1938年12月1日，5版。〈彙報：高雄旗後の漁船々溜〉，《臺灣水產雜誌》，第291號（1939年6月），頁18。

31 高雄州水產會，《昭和十三年高雄州水產要覽》（高雄市：該會，1940年），第14項目。

32 王鍵，《日據時期臺灣總督府經濟政策研究（1895-1945）》（北京市：社會科學文獻出版社，2009年），頁903、909。

場開發上最地利之便，高雄州下漁業之大宗為鮪魚、旗魚、鯊魚延繩釣漁業，從業船年年增加之際，隨著發動機漁船的快速增長，促進遠洋漁業漁場亦逐年擴大。大正10年（1921）發動機漁船62艘，噸數505噸，馬力數912馬力，至昭和14年（1939）有381艘、10,660噸、17,642馬力，若加上以高雄為根據地的日本船籍隻數，達4百餘艘。漁場大正12年（1923）僅遠至60浬，昭和4年（1929）700浬以上，可達菲律賓馬尼拉近海，昭和6年（1931）南海、蘇祿海、西里伯斯海，昭和11年（1936）更南進到南太平洋新幾內亞及斐濟群島近海。[33]

高雄漁港興建於1930年代之前，可謂為南進漁場開發做準備，爾後亦愈來愈多漁業相關業者看到商機至高雄營運，更多以高雄漁港為根據地的漁船進入南支南洋作業，漁場亦不斷擴大，尤其1930年代後。而有關漁獲豐收的新聞更是屢見不鮮，舉隅如下：

> 儘管控扼南支南洋廣大漁場，但優秀漁船減少，以致去年底至最近高雄，黃鰭鮪魚漁獲量少，惟好消息是約有60艘漁船大舉入港高雄，與漁港急速活況之時正是邁入黑鮪魚的盛漁期，提供新鮮又便宜黑鮪魚。[34]

> 隨著季節風的到來，進入鮪旗魚的盛漁期，南方水產根據地高雄漁港很有活力，待機中的發動機漁船準備開往漁場，不然就已有漁船已駛進漁場作業。另有從日本德島縣水產試驗船阿波丸，近日遠航來到臺灣，以高雄為根據，至明春2月南方漁場

---

[33] 高雄市役所，《高雄市勢要覽（昭和九年版）》（高雄市：該市役所，1934年），頁27-28。高雄州水產會，《高雄州水產會報》第16號（1939年），頁1-2。高雄市役所，《昭和十五年版高雄市產業要覽》（高雄市：該市役所，1940年），頁26-27。

[34] 〈大漁船隊入港　かけ聲勇ましく大舉六十隻　愈よ高雄漁港活況〉，《臺灣日日新報》，第13665號，1938年4月7日，5版。

從事漁場開拓、漁撈試驗。漁獲物愈漸次增加，27日高雄魚市場起貨達1萬8百餘圓以上，本漁期的最高水揚，尤其是第五滄瀛丸（三五馬力），一航次就有2千9百餘圓的漁獲物，漁港反映戰捷帶來輝煌的時局色，為豐漁而開心的舟唄之聲高昂。[35]
以高雄漁港為中心的大型船5艘中的1艘第十二幸英丸，25日回航，26日至27日連續兩天將漁獲卸下，旗魚216尾，價格1萬5千圓，打破開港最高紀錄8千圓。[36]
高雄魚市場的漁獲卸貨量在盛漁期前就已有不錯成績，光單18日一天就有6萬7百圓約8萬瓩（按：1噸等於1.008瓩），創下魚市場營運以來驚人的紀錄，本月1日到18日累積75萬3千5百圓、201萬2千1百瓩，平均1天起貨4萬餘圓，本月將突破120萬圓，這對高雄魚市場與高雄漁港來說都是振奮的消息。[37]
大鮪魚群來到臺灣近海，高雄漁港的鮪漁船從3月以來就陸續出航去追鮪魚群，4月1日有19尾鮪魚靠岸卸貨，其後40尾、百尾，隨著盛漁期的接近，9日有221尾，2萬2千7百圓，4月1日以來累積已有866尾，12萬6千圓，從本月20到5月初旬是盛漁期，高雄鮪魚業漸次呈現活躍之況，新鮮的鮪魚生魚片在街的市場都看的到，本年以1萬尾鮪魚為目標。[38]

---

[35] 〈高雄漁港　活氣づく　最近殊に豐漁〉，《臺灣日日新報》，第13870號，1938年10月29日，2版。

[36] 〈旗魚は大豐漁　一隻水揚げ一萬五千圓に止り　開港以來の最高紀錄〉，《臺灣日日新報》，第13930號，1938年12月28日，5版。

[37] 〈水揚高百萬圓突破か　高雄漁港に連日歡聲〉，《臺灣日日新報》，第14646號，1940年12月19日，4版。

[38] 〈高雄漁港の大歡聲　鮪群を追つて連日豐漁〉，《臺灣日日新報》，第14757號，1941年4月11日，4版。

高雄漁港興建完成後，動力化漁船於昭和5年（1930）5月底的隻數834艘，其中船籍港以高雄者167艘，至昭和12年（1937）5月底達到192艘，成長14.97%，從靠籍高雄動力化漁船船隻數的增加也可以瞭解到高雄漁港在水產南進的貢獻。[39]

第二節　水產相關產業的營運

一　水產相關會社

　　從昭和12年（1937）高雄市役所出版的《高雄市商工案內》有關水產相關商店、商行與會社的營業所地址來看，高雄漁港的興建雖未像基隆漁港設置後形成密集性的漁業聚落，但主要地點還是集中在高雄漁港兩旁的哨船頭町、湊町與新濱町，有51.51%店家在昭和3年（1928）3月高雄漁港興建完成後才落地營運，說明高雄漁港興建確實帶來水產相關產業的進駐，而這僅是昭和12年的調查。[40]

　　此外，從高雄州水產會歷年出版的《高雄州水產要覽》來看，至晚昭和5年（1930）以來，高雄市資本額50,000圓以上水產相關株式會社有14家，其中1930年代後才設置有8家，分別為合同水產工業株式會社、泰山製冰株式會社、共同漁業株式會社、日本水產株式會社、臺灣水產工業株式會社、開洋興業株式會社、高雄海藻採取販賣株式會社、拓洋水產株式會社。（詳見表3-1）

　　高雄州出版的《昭和三年高雄州管內概況及事務概要》中曾提

---

[39] 〈臺灣發動機附漁船々名錄〉，《臺灣水產雜誌》，第175號，1930年8月。臺灣水產會，《昭和十二年五月末日現在臺灣に於ける動力付漁船々名錄》，臺北市：該水產會，1937年。

[40] 高雄市役所，《高雄市商工案內》（高雄市：該市役所，1937年），頁42-199。

到:「對於高雄漁港的新設,期待有助長今後水產業更進一步發展的機運。」[41]事後來看,這一機運確實有很好的展開。

表3-1 高雄市重要水產相關會社

會社名	所在地	開設年月	資本金（圓）	營運項目
西村漁業株式會社高雄出張所	湊町2之20	1924.11	20萬	鮪延繩釣漁業、機船底曳網漁業
高雄製冰株式會社	鹽埕町2之17湊町	1925.06	50萬	製冰（1日製冰能力25噸）
林兼漁業株式會社高雄出張所→株式會社林兼商店高雄出張所	湊町2之28→入船町4之9	1925.11	500萬→1500萬	鯔巾著網漁業、船具漁具販賣→鮮魚、冷凍魚販賣、船具漁具販賣→鮮魚、冷凍魚販賣、製冰冷凍（製冰能力20噸）
高雄魚市株式會社	湊町4之23→新濱町2之10	1926.03	5萬	擔任高雄魚市場的委託販賣業務、漁業資金貸款、燃料重油的委託販賣
三菱商事株式會社高雄出張所	堀江町3之32	1927.05	150萬	燃料重油、輕油、機械油等的販賣（水產關係）
蓬萊水產株式會社高雄支店	新濱町3之24	1927.07	160萬→100萬	以高雄市為中心的汽船拖網漁業、機船底曳網漁業、延繩釣漁

---

41 高雄州,《昭和三年高雄州管內概況及事務概要》(高雄市:該州,1929年),頁31-32。

會社名	所在地	開設年月	資本金（圓）	營運項目
				業、魚類的冷藏及製冰（1日的製冰能力20噸）
合同水產工業株式會社高雄工場	新濱町3之24	1932.06	350萬	魚類冷藏、水產物加工及製冰（製冰能力40噸）
泰山製冰株式會社	旗後町3之15	1932.07	10萬	製冰（1日製冰能15噸）
共同漁業株式會社高雄出張所	新濱町3之24	1934.06	1千萬	汽船拖網漁業、機船底曳網漁業、延繩釣漁業
大日本製冰株式會社高雄營業所→日本食糧工業株式會社湊町工場→日本水產株式會社湊町工場	湊町5之16	1919.03 1934.06	3586.68萬→1500萬→9300萬	製冰及冷藏（1日製冰能力55噸）
日本食糧工業株式會社高雄出張所→日本水產株式會社高雄出張所	新濱町3之24	1932.07→1934.06	1500萬	高雄臺南州下各工場管轄
日本水產株式會社高雄出張所	新濱町3之24	1934.07→1934.06	200萬→500萬→9300萬	高雄臺南州下各工場管轄、汽船拖網漁業、機船底曳網漁業、鮮魚、鹽乾魚的委託販賣

會社名	所在地	開設年月	資本金（圓）	營運項目
日本食糧工業株式會社高雄工場→日本水產株式會社高雄冷凍工場	新濱町3之24	1932.07→1934.06	1500萬→9300萬	魚類冷藏、水產物加工及製冰（製冰能力40噸170噸）
臺灣水產工業株式會社	堀江町5之1	1936.05	6萬	水產物罐頭製造及其買賣
開洋興業株式會社	湊町2之9	1936.05	10萬	漁業、海產物製造販賣
高雄海藻採取販賣株式會社	湊町1之24	1938.03	6萬	海藻的採取、漁業海產物委託販賣
拓洋水產株式會社	鹽埕町3之1	1939.04	200萬	漁業、水產加工業、漁獲物及製品的保藏與搬運、買賣、物資及資金的供給

說　　明：高雄製冰株式會社、蓬萊水產株式會社、合同水產工業株式會社高雄工場、泰山製冰株式會社、日本水產株式會社湊町與新濱町工場有碎冰供給設備。
資料來源：依據高雄州水產會，《高雄州水產要覽》，1930-1940年版製表。

　　高雄市重要水產相關株式會社中，現以株式會社林兼商店、日本水產株式會社、拓洋水產株式會社說明。

（一）株式會社林兼商店

　　大正13年（1924）9月創立於日本下關市竹崎町的林兼商店，營業項目包括對水產物漁撈、製造、養殖竝買賣運輸、水產物冷藏保管及製冰、船具及漁業用品竝水產物處理用品之製造與買賣、造船造機等出資及資金貸款。其分行有青森、長崎、基隆、釜山，昭和8年

（1933）4月合併林兼鐵工造船株式會社。[42]大正14年（1925）11月林兼商店即已在高雄成立出張所，以高雄為中繼漁港，向南方漁場開拓。1935年5月30日《臺灣日日新報》即曾報導：「目下660噸的大型拖網漁船有5艘及手繰漁船16艘正在建造中，最近將開來高雄。同出張所亦計畫在高雄建造製冰工場，正向高雄州申請認可中，高雄漁港將更進一步繁忙。」[43]從表3-1已可知將其捕獲的鮮魚、冷凍魚進行銷售外，其製冰能力已達20噸。

（二）日本水產株式會社

大正14年（1925）11月設立於東京市芝區田村町的日本水產株式會社，原稱共同漁業株式會社，昭和11年（1936）9月後陸續合併日本合同工船、日本捕鯨、日本水產、日本食料工業等事業，昭和12年（1937）3月改稱日本水產株式會社。營業項目為漁業其他水產業、水產物加工買賣竝輸移出入、製冰冷藏……等，營業所包括北海（涵館）、東京、大阪、九州、基隆、北支（北京）、中支（上海），出張所39間、販賣所9間、事務所17間、捕鯨事業場24間、製冰冷藏其他工場284座。[44]昭和9年（1934）6月於高雄市設立高雄出張所、高雄冷凍工場、湊町工場（詳見表3-1），該會社亦不斷新造漁船至南海、南洋開拓漁場，例如昭和14年（1939）之際，就新造船500噸級2艘、1千噸級1艘加入，再加上原來37噸級12艘，建置一大漁船群，對漁獲的增加起一定作用。[45]

---

42 竹本伊一郎編輯，《昭和十年版臺灣會社年鑑》（臺北市：臺灣經濟研究會，1934年），頁371-372。

43 〈高雄漁港一段と活氣附く〉，《臺灣日日新報》，第12630號，1935年5月30日，3版。

44 竹本伊一郎編輯，《昭和十八年臺灣會社年鑑》（臺北市：臺灣經濟研究會，1942年），頁140-141。

45 〈新造船も参加して　南方魚場で活躍　據點高雄漁港賑ふ〉，《臺灣日日新報》，第13946號，1939年1月14日，5版。

（三）拓洋水產株式會社

　　拓洋水產株式會社為臺灣拓殖株式會社的關係會社，亦係以南海為漁場的水產國策統制會社，以高雄為基地，執行以新南群島做為前進根據地之新漁場開發。[46]拓洋水產株式會社成立於昭和14年（1939）4月1日，原事務所曾臨時設在臺北市榮町臺拓本社內，同年9月1日即遷至高雄市鹽埕町三丁目一番地，股東為臺灣拓殖株式會社與日本水產株式會社，各2萬股。當時申請營業項目：1. 以新南群島為前進根據地，經營鮪類及鰹漁業；2. 以高雄為根據地鮪類漁業的統治合理化為目的之漁業資金供給及物品準備；3. 以臺灣為根據地機船底曳網漁業及機船拖網漁業經營；4. 以鮪類及鰹為原料的水產加工業之經營及該業者資金及物質供給；5. 漁獲物及製品之保藏、搬運及買賣；6. 魚市代行業務之經營；7. 其他有關南支南洋海區漁業開發發展之必要事業；8. 前各項附帶事業。[47]

　　拓洋水產株式會社成立之初，擁有鮪魚延繩釣漁船9艘（第一、第二、第五、第六、第七、第八、第十、第十一、第十二拓洋丸）、手繰漁船2組（第一、第二、第六、第七海南丸）。[48]此外，我們可以

46　〈拓洋水產の漁場開設計畫〉，《臺灣日日新報》，第14087號，1939年6月5日，5版。

47　「昭和十三年十二月參考資料ノ二臺灣拓殖株式會社關係會社一覽ノ二（設立申請中及設立豫定ノ份）」（1938年1月1日），〈昭和十三年十二月參考資料二臺灣拓殖株式會社關係會社一覽二（設立申請中及設立豫定ノ分）文書課〉，《臺灣拓殖株式會社》，國史館臺灣文獻館，典藏號：00200181001，頁6-7。〈昭和十五年七月末現在臺拓關係會社設立趣意書、事業目論見書、收支豫算書、定款、營業報告、事業計畫說明等一覽調查課〉（1940年1月1日），《臺灣拓殖株式會社》，國史館臺灣文獻館，典藏號：002-00484，頁8。〈拓洋水產　高雄に本社開設〉，《臺灣日日新報》，第14174號，1939年8月31日，1版。

48　〈星規那產業株式會社、株式會社南興公司、南日本鹽業株式會社、東邦金屬製鍊株式會社、拓洋水產株式會社、臺東興發株式會社、臺灣化成工業株式會社營業報告書經理課〉（1937年1月1日），《臺灣拓殖株式會社》，國史館臺灣文獻館，典藏號：002-02436，頁403。

從拓洋水產株式會社損益計算書瞭解，該會社在營業收益大抵呈增長趨勢，詳如表3-2。

表3-2　昭和14年（1939）7月1日至昭和18年（1943）6月30日拓洋水產株式會社營業收益

日期	總收入（圓）	總支出（圓）	收益（圓）
昭和14年7月1日至昭和15年6月30日	299,842	299,842	0
昭和15年7月1日至昭和16年6月30日	507,083	465,604	41,478
昭和16年7月1日至昭和17年6月30日	233,197	216,775	16,421
昭和17年7月1日至昭和18年6月30日	545,231	230,626	314,605

資料來源：〈星規那產業株式會社、株式會社南興公司、南日本鹽業株式會社、東邦金屬製鍊株式會社、拓洋水產株式會社、臺東興發株式會社、臺灣化成工業株式會社營業報告書經理課〉（1937年1月1日），《臺灣拓殖株式會社》，國史館臺灣文獻館，典藏號：002-02436，頁365、376-377、388-389、397。

除了水產會社外，與漁業有關的造船工場計有9間，鐵工所8間。[49]

二　運輸機關改善

如前節所述，高雄魚市場內有2條濱線鐵道的末端支線，用於運輸漁獲及漁港對外聯絡，因此運輸機關例如鐵道與航運之漁業相關設施的加強，當可增加漁獲流通率，這對南洋水產的擴展有其助益。

---

49 高雄州水產會，《高雄州水產要覽》，1930-1940年版。

（一）鐵道

　　鐵道與漁業相關的設施即為冷藏貨車車廂，其肇始為鐵道部建造2輛冷藏貨車車廂，於明治43年（1910）8月試運轉，位於基隆的基澎興產合資會社即利用該冷藏貨車開始載送真鰹販賣。[50]昭和11年（1936）出版的《高雄州產業調查會水產部資料》提到高雄州漁獲量要增進的同時，提升鐵道冷藏貨車載運量俾利將新鮮漁獲運送到臺灣各地是相輔相成的。就當時來說，鐵道貨車車廂有3,600節，一般貨車車廂3,547節，冷藏貨車車廂僅有53節，基隆分配到26節，高雄更僅分配到17節，因此增加冷藏貨車車廂是當務之急。對於昭和11年（1936）8月中新造10輛冷藏貨車車廂，進而提高自高雄運送鮮魚的運載量，認為是未來的趨勢。[51]

　　的確，根據臺灣總督府交通局鐵道部的統計資料，昭和11年至昭和16年（按：1936-1941，昭和15年資料佚）鐵道部共新製造12瓲（按：1噸等於1.008瓲，以下同）積冷藏貨車車廂55輛，報廢10瓲積冷藏貨車車廂3輛，代表運載鮮魚的載量大大提高。鐵道部所出版的《鐵道要覽》對於超過50,000瓲以上主要貨物發送瓲數會進行登錄，從昭和10年度（1935）起皆有記載鮮魚的發送瓲數，顯示該年度起皆有超過50,000瓲以上的鮮魚被運送，就現存統計資料昭和12年度（1937）高雄發送瓲數更超過基隆，代表有更多的鮮魚從高雄漁港卸運。[52]而高雄漁港的漁獲，分別供應著臺灣本島及日本的消費需求。[53]

---

50 〈冷藏貨車と真鰹〉，《臺灣日日新報》，第3684號，1910年8月6日，3版。
51 高雄州產業調查會，《高雄州產業調查會水產部資料》，頁300-302。
52 臺灣總督府交通局鐵道部，《鐵道要覽》，各年度。
53 高雄市役所，《昭和十五年版高雄市產業要覽》，頁26。

表3-3　1936-1941年度鐵道部冷藏貨車的新製造與報廢

年度	新製造12噸積冷藏貨車車廂	報廢10噸積冷藏貨車車廂
1936	10輛	0輛
1937	10輛	2輛
1938	15輛	1輛
1939	10輛	0輛
1941	10輛	0輛
合計	55輛	3輛

說　明：1噸等於1.008瓲。
資料來源：臺灣總督府交通局鐵道部，《臺灣總督府交通局鐵道部第三十八年報　昭和十一年度》（臺北市：該部，1937年），頁66。臺灣總督府交通局鐵道部，《臺灣總督府鐵道年報　昭和十二年度》（臺北市：該部，1938年），頁71-72。臺灣總督府交通局鐵道部，《臺灣總督府交通局鐵道部　昭和十三年度年報》（臺北市：該部，1939年），頁85。臺灣總督府交通局鐵道部，《臺灣總督府交通局鐵道部　昭和十四年度年報》（臺北市：該部，1940年），頁81-82。臺灣總督府交通局鐵道部，《臺灣總督府交通局鐵道部　昭和十六年度年報》（臺北市：該部，1942年），頁94-95。

（二）航運

　　增強航運的冷藏設備，擴張鮮魚銷路，對於高雄州南進漁業的進展上會有一定的效果。為了鮪魚、旗魚等鮮魚銷路的擴張，昭和9年（1934）高雄州水產會曾派職員至日本考察。搭乘大阪丸（按：橫濱高雄線）時，調查船內輸送鮪魚與氣候等之關係，亦調查東京中央批發市場及各都市鮪魚、旗魚集散消費狀況。[54]

　　在高雄有分行與辦事處的商船會社有7間，其船隻在昭和10年（1935）之際進出高雄港有63艘，有冷藏室設備的為近海郵船株式會

54　高雄州水產會，《高雄州水產會報》第11號（1934年5月），頁25-26。

社門司丸（23.5噸冷藏室2室）、萬光丸（45噸2室）、大阪丸（23.5噸2室）、神州丸（50噸1室、62噸1室）、千光丸（45噸2室）、大阪商船株式會社宏山丸（112噸1室），僅有6艘，僅占63艘的9.52%。此外，船隻甲板上另有「組立式冷藏庫」裝載鮮魚，大都由高雄鮮魚移出組合會所設置，冷藏庫有一箱箱的鮮魚，鋪上冰塊，1箱淨重50至60貫（按：1貫=3.759公斤），主要有鮪魚、旗魚、真鯛、鰆魚。為增加鮮魚的出口量，在汽船增加鮮魚輸送用冷藏室，是必要的。[55]

其結果亦反映在實際的鮮魚介出口價值呈增加趨勢（詳見表3-4），以鮮魚移出來說，昭和10年（1935）移出鮮魚價值387,669圓，至昭和14年（1939）已達1,135,393圓，增加192.88%。

表3-4　1938-1939年由高雄港出口之鮮魚介量額

年別	輸出								移出	
	旗魚		鮪魚		鮮魚介		合計		鮮魚	
	數量	價值	數量	價值	數量	價值	數量	價值	數量	價值
1935	—	—	—	—	—	—	288,940	77,599	2,062,795	387,669
1936	—	—	—	—	—	—	234,480	67,542	4,307,080	823,050
1937	—	—	—	—	—	—	247,330	82,930	5,088,433	941,295
1938	—	—	—	—	—	—	677,602	122,538	4,603,273	951,438
1939	86,854	43,556	164,985	44,936	2,456,494	389,847	2,708,333	478,339	4,061,620	1,135,393

說　　明：價值單位為圓。
資料來源：臺灣總督府財務局編纂，《昭和十年臺灣貿易年表》（臺北市：臺灣總督府財務局稅務課，1937年），頁24-25、454-455。臺灣總督府財務局編纂，《昭和十一年臺灣貿易年表》（臺北市：臺灣總督府財務局稅務課，1938年），頁24-25、448-449。臺灣總督府財務局編纂，《昭和十二年臺灣貿易年表》（臺北市：臺灣總督府財務局稅務課，1938年）年，頁22-

---

[55] 高雄州產業調查會，《高雄州產業調查會水產部資料》，頁289-300。

23、434-435。臺灣總督府財務局編纂,《昭和十三年臺灣貿易年表》(臺北市:臺灣總督府財務局稅務課,1939年),頁16-17、434-435。臺灣總督府財務局編纂,《昭和十四年臺灣貿易年表》(臺北市:臺灣總督府財務局稅務課,1940年),頁24-25、334。

第三節　高雄漁港興建的經濟效益
——一個數量方法的驗證

　　1920年代高雄州為了要擴張以高雄為據點的水產業所做的水產試驗,包括母船式鯛延繩漁業、鮪旗魚延繩、淺海利用等試驗、以及鰹魚場試驗調查,皆有不錯的成績。[56]從下表來看,昭和12年(1937)5月高雄港動力漁船從事漁業之種類,即以延繩釣151艘最多,占192艘動力漁船的78.65%。

表3-5　昭和12年(1937)5月高雄港動力漁船船東籍別及從事漁業之種類

漁業別	臺灣人	日本人	小計
延繩	105	46	151
雜魚釣	1	0	1
曳繩	0	4	4
採貝	8	15	23
採貝及延繩	0	2	2
採藻	0	3	3
休業中	0	2	2
拖網	0	2	2

---

56 高雄州,《高雄州水產試驗調查報告》第一卷(大正12年度),高雄市:該州,1927年;第二卷(大正13年度),1929年;第三卷(大正14年度),1929年。高雄州,《昭和六年度高雄州水產試驗調查報告》,高雄市:該州,1933年。

漁業別	臺灣人	日本人	小計
捕鯨	0	2	2
不詳	2	0	2
小計	116	76	192

說　　明：以人數為計算單位。
資料來源：依據臺灣水產會，《昭和十二年五月末日現在臺灣に於ける動力付漁船々名錄》（臺北市：該水產會，1937年），頁32-43統計而得。

　　高雄漁港完工於昭和3年（1928），昭和5年（1930）出版的《日本地理大系・臺灣篇》，對於高雄魚市場的圖說：「高雄是帝國水產南向發展的策源地，近年來呈現非常活躍的進展。大型漁船的進步和冷藏運輸的發展，是隨著漁場顯著地增大而來，過去以位於臺灣西南部有『福爾摩沙銀行』之稱的漁場為主，現在則向南延伸，越過巴士海峽到呂宋島西岸、馬尼拉近海周圍的水域。昭和3年（1928）的漁撈獲產值達到鮪魚3,400,000、800,000，旗魚1,800,000、430,000。此外，高雄魚市投入十數萬圓，新建漁港碼頭、水路交通及各種輔助設備的完成。不得不說幾乎是理想的狀態。漁獲的顛峰期由10月開始到隔年2月，高價的魚類幾乎往內地運送。（平坂恭介）」[57]

　　從上文可以瞭解到新建高雄漁港，確實帶來漁業的成長。以高雄魚市場漁獲交易量來看，大正2年至昭和16年（1913-1941）年均成長率13.32%，高雄漁港完工昭和3年至昭和16年（1928-1941）年均成長率則亦有7.44%（按：由表3-6計算而得）。

　　至於高雄漁港的興建對於高雄市漁獲量達到多少經濟效益，我們可以高雄魚市場漁獲交易量為依據，進一步利用 North 的「制度分析法」，以虛擬變數來檢驗其對高雄魚市場漁獲交易量的影響。若以高

---

[57] 山本三生等編輯，《日本地理大系・臺灣篇》（東京都：改造社，1930年），頁155。

雄漁港完工年的昭和3年（1928）為分界點，虛擬變數（$D_{1913-1927}=0$，$D_{1928-1941}=1$）進行迴歸分析後，有高達75.05%相關聯，若以完工後的翌年（1929）為分界點，虛擬變數（$D_{1913-1928}=0$，$D_{1929-1941}=1$）進行迴歸分析後，亦有高達76.50%相關聯，說明高雄漁港的興建確實對高雄漁獲量帶來相當高的經濟效益，也能說明對水產南進政策所帶來的貢獻。

表3-6　高雄魚市場魚獲交易量

年別	數量（斤）	年別	數量（斤）	年別	數量（斤）
1913	818,871	1923	2,287,682	1933	14,861,934
1914	1,247,844	1924	3,247,901	1934	15,476,753
1915	1,435,863	1925	4,640,150	1935	17,223,888
1916	1,840,995	1926	6,934,933	1936	20,493,952
1917	1,474,942	1927	7,785,615	1937	22,378,644
1918	1,610,249	1928	9,427,522	1938	16,433,369
1919	1,301,637	1929	11,864,317	1939	23,010,999
1920	1,385,723	1930	14,226,570	1940	31,062,231
1921	1,835,307	1931	11,931,161	1941	26,202,777
1922	2,137,664	1932	14,023,229		

資料來源，《臺灣水產統計》，各年度。

小結

　　高雄港是南臺灣唯一的良港，控扼南支南洋廣大的良好漁場，賦有日本漁業南進策源地的使命。再加上南部漁業的逐漸發展，漁港機能實際需求與日俱增，尤其是1920年代中期以來，因為發動機漁船的勃興，鮪魚、旗魚延繩釣漁業，逐年急增，愈顯發達，日本來的漁業

者多,加上臺灣人漁業者對該漁業是有利而覺醒,從竹筏、中國型船漁業轉至該漁業者激增。日臺資本家亦以高雄為中心的水產業愈來愈多,鰮巾著網漁業、機船底曳網漁業及汽船拖網漁業等新規漁業,漸次計畫與展開。因此,高雄漁港的興建成為當務之急。

高雄漁港興建於昭和2年(1927)7月,昭和3年(1928)3月漁港碼頭工程完工,陸上設備則於昭和4年(1929)完成。高雄漁港興建及其前身哨船頭船渠的設置,確實帶來漁業的成長,大正2年至昭和16年(1913-1941)年均成長率13.32%,高雄漁港完工昭和3年至昭和16年(1928-1941)年均成長率則有7.44%。

為了要擴張以高雄為據點的水產業所做的水產試驗,包括母船式鯛延繩漁業、鮪旗魚延繩、淺海利用等試驗、以及鰹魚場試驗調查,皆有不錯的成績。以昭和12年(1937)5月高雄港動力漁船從事漁業之種類,以延繩釣151艘最多,可見成效。

至於高雄漁港的興建雖未像基隆漁港設置後形成漁業聚落,但主要地點還是集中在高雄漁港兩旁的哨船頭町、湊町與新濱町,51.51%店家在高雄漁港興建後才在此營業,說明高雄漁港興建確實帶來水產相關產業的進駐,也吸引大型株式會社例如日本水產株式會社、拓洋水產株式會社以高雄為基地,拓展南方漁場,做為南進水產業者的堅實後盾,無論在補給或運銷上。此外,運輸機關鐵道與航運的冷藏設施的改善,使鮮魚介的銷路更加通暢。至於高雄漁港的興建對於高雄漁獲量達到多少經濟效益,經迴歸分析得到76.50%高相關聯性的經濟效益。

第四章
臺灣製冰冷藏業的興起

　　臺灣水產業在1920年代中、後期開始,有了明顯的成長。成長原因很多,除了臺灣總督府及地方州廳的水產試驗、水產獎勵、水產協力機關的輔導,以及動力化漁船的普及等因素外,做為其關聯產業的製冰冷藏業亦帶來一定的影響,本章即是要探討這一部分。首節說明日本製冰冷藏業的發展為何?成效又為何?第二、三節除了參考相關水產文書外,主要利用《臺灣日日新報》、水產統計資料,以定性定量研究法,來說明日治時期臺灣製冰冷藏業的發展情形,及其對水產業的貢獻。

第一節　日本製冰冷藏業的興起

　　製冰及冷藏業無論從國民衛生保健上,或從產業開發輔助上,帶有頗為重大的使命,若該業能夠完備,則能有無相通、供需調節無虞。臺灣由於位於亞熱帶地區,更切身感受該業完備的重要性,特別是水產從業者。[1]水產品容易腐壞,在漁獲後至到達消費者期間,須將水產品保藏,而保藏之法首重冷凍,故每次漁船出海,尤其遠洋作業漁船,即須攜帶大量冰塊,藉以冷藏漁獲物。而設備完善之新式漁船,雖船中附有製冰機件,然此等漁船終屬少數,普通漁船所需冰塊,均取自陸上製冰場,每屆漁汛季節,冰塊需要量更大,遂製冰場

1　臺灣總督府殖產局,《臺灣水產要覽》(臺北市:臺灣總督府,1925年版),頁46。

與冷藏庫的設立，實水產業極為重要的設施之一。[2]隨著鮮魚在日本市場的打開，冷藏及運輸設備的完善與否，成為臺灣漁業能否更加隆盛的關鍵之一。

明治36年（1903）第五屆日本勸業博覽會於大阪舉辦，3月1日至4月20日，12,100坪依產業別一一建館，入場參觀者達43萬5千餘人。其中水族館設置於大阪堺市，該會場還特別設置了冷藏庫，從鮮魚儲藏到冷凍魚的應用都做了介紹，引起舉世注目。[3]

其實，日本分別從1890年代、1900年代開始發展製冰及冷藏事業。關於製冰業，日本從德川時代至明治中期即已利用天然冰保存鮮魚，明治2年以來（清同治8年，1869）從事天然冰生意的中川組，於明治32年（1899）將五稜廓（按：位於今北海道函館市）採冰權廉價讓渡給大倉組後，隨即轉進製冰生產，成立資本額300,000圓的機械製冰株式會社，購入英國50噸デラバーン式製冰機，並於東京開業，可謂揭開日本製冰業發展的序幕。明治39年（1906），資本額100,000圓的東京製冰株式會社亦於東京開業，購入美國50噸ビルター式製冰機。明治40年（1907）兩社合併為日本製冰株式會社，至大正8年（1919）合併東洋製冰株式會社，改名為日東製冰株式會社。1920年代日本製冰事業已開始走向合併、獨占經營的道路，昭和3年（1928）日東製冰株式會社合併關西有力企業──童紋冰室（按：曾從大倉組拿到函館天然冰採冰權），改名為大日本製冰株式會社。昭和9年（1934）與帝國冷藏株式會社（按：成立於明治40年〔1907〕）及合同水產工業，合併為日本食糧工業株式會社。昭和12年（1937），日本水產株式會社（按：成立於明治44年〔1911〕5月，大正8年〔1919〕9月更名為共同漁業株式會社，昭和12年〔1937〕3月改回原名）合併日本食糧工業株式會社，成為日本最

---

2 葉屏侯纂修，《臺灣省通志稿・經濟志・水產篇》（臺北市：臺灣省文獻委員會，1955年），頁190。

3 岡本信男，《近代漁業發達史》（東京都：株式會社水產社，1965年），頁51。

大製冰冷藏事業體。[4]

　　冷藏業方面,世界上發明冷藏裝置,並將使用於儲藏搬運的實用年代可追至1876年開始,法國的シーラリア將冷藏設備裝置於漁船,將漁獲物從法國運送至南美。日本應用冷力輸送貨物的船舶,始於明治38年(1905)朝鮮至下關間的鮮魚輸送。但開始有冷藏船要到明治42年(1909)的有漁丸(按:木造船,137噸,180馬力,藤永田造船所製),簡單裝置冷藏設備,冷藏能力30噸,為大阪魚問屋鷲池平九郎、井上藤三郎、長崎兒玉平兵衛共同出資。一開始有漁丸載運尼古拉耶夫斯克鮭魚及鱒魚與朝鮮捕撈的魚,但業績不好,還不幸於函館灣沉沒。翌年(1910)帝國水產冷藏船旭丸(按:110噸,115馬力)接續,經營輸送來自奧澤納亞的堪察加鮭魚,惟成績不如預期而中斷。[5]

　　至於冷藏庫,日本最早的冷藏庫係於明治33年(1900)由中原孝太以貯藏鮮魚為目的而創立,並興建在本州北部鳥取縣米子町的日本冷藏會社為嚆矢。之後各地的冷藏庫雖然開始陸續成立,惟當時一般社會對於冷藏知識的幼稚,以及對冷藏業缺乏理解,冷藏設備大多不完全,冷凍魚如何去利用也鮮少人知道,因此冷藏業的業績始終不振,更不用說發展。直到歐戰以來,糧食問題成為世界性大問題,促進歐美各國對冷藏事業的快速發展。日本也瞭解到冷藏業的重要性,亦讓民眾對冷藏業有更進一步的認識,隨之而來即是日本冷藏庫的建設成功與漸次增加。[6]

4　岡本信男,《近代漁業發達史》,頁269-272。臺灣總督府殖產局,《工場名簿》,臺北州:該局,1931-1942年。高宇,《戰間期日本の水產物流通》(東京都:日本經濟評論社,2009年),頁49。

5　岡本信男,《近代漁業發達史》,頁263-264。在片山房吉《大日本水產史》一書中則記載冷藏船始於明治40年(1907)。參見片山房吉,《大日本水產史》(東京都:有明書房,1983年),頁540,本書完成於昭和12年(1937),特此說明。

6　片山房吉,《大日本水產史》,頁539-540。高宇,《戰間期日本の水產物流通》,頁105。

大正8年（1919）葛原豬平聘任2名美國技師，於神奈川縣三崎町施行美式凍結處理試驗成功以來，在北海道與宮城縣設置產地冷藏庫，大正10年（1921）1月將冷凍魚出貨至東京魚市場而打響名號，並獲得大阪藤本銀行的協助，將原製冰冷藏會社改組為資本額達2千萬圓的葛原冷藏株式會社，該會社首先將普通貨物船江之浦丸改造為冷藏船，接著在橫濱船塢建造2艘冷凍船，而隨著日本近海、朝鮮、露領方面鮮魚的輸送與販賣，冷藏事業更受世人的注目。例如一方面像神戶的冰室組、樺太漁業汽船會社建造冷藏船，另一方面像林兼商店、三陸水產冷藏株式會社亦分別成立使用「オッテセン法」與「空氣凍結法」的冷藏庫。大正12年（1923）5月15日日本農商務省更訂定「水產冷藏獎勵規則」（按：農商務省令第11號），以預算外國庫負擔，著手水產冷藏獎勵，包括冷藏庫、貯冰庫、冷藏搬運船的獎勵。至昭和11年（1936）接受獎勵金的冷藏庫達148間以上、冷藏搬運船20艘，皆約占日本總數的一半。[7]

表4-1　1923-1936年度日本水產冷藏獎勵金額

年度	獎勵金額（圓）	年度	獎勵金額（圓）
1923	700,000	1930	205,000
1924	700,000	1931	329,240
1925	407,050	1932	86,000
1926	407,050	1933	72,582
1927	400,000	1934	50,000
1928	275,000	1935	40,000
1929	275,000	1936	合併於共同施設獎勵費

資料來源：片山房吉，《大日本水產史》，頁542。

---

[7] 片山房吉，《大日本水產史》，頁540。岡本信男，《近代漁業發達史》，頁264-265。

從表4-1來看，大正12年（1923）5月15日訂定「水產冷藏獎勵規則」，當年度及下一年度日本水產冷藏獎勵金皆高達70萬圓，之後每年度也都有20萬至40萬之譜，可見日本相當重視水產冷藏業，水產冷藏業與近海遠洋漁業可謂是相輔相成。雖然冷藏能力至昭和6年（1931）左右已達飽和，其後沒有再以水產冷藏獎勵金名目給予補助，但是昭和7年度至昭和10年度（1932-1935）仍以產業獎勵費補助，昭和11年度（1936）則合併於共同施設獎勵費內。[8]

第二節　臺灣製冰業的發展歷程

　　明治28年（1895）臺灣總督樺山資紀曾因為罹患瘧疾，特地由長崎輸入視為陸軍御用品的冰塊。隨後安平在住外國人自製自家用冰塊，一般需要冰塊則從日本或香港進口，例如曾有商人進口長崎製冰或函館天然冰販賣，也有淡水商人輸入香港製冰，以1斤75錢販賣。當時臺灣人認為冰為神秘之物，僅以驚異眼光看之，無人敢使用，僅有部分日本人使用。[9]

　　至明治30年（1897）6月，「臺灣製冰株式會社」成立，為臺灣製冰業之嚆矢。該會社於臺北建立工場，資本150,000圓，安裝レミントン公司製5噸製冰機，日產能力5噸，當時批發價1斤13厘（按：1圓等於

---

[8] 片山房吉，《大日本水產史》，頁541-542。在日本至1920年代初期製冰及冷藏業者有兩種：第一種是一開始以機械製冰及保管用冷藏庫為其主要業務，例如日東製冰株式會社及帝國冷藏株式會社。第二種是1910年代後期出現，直接將食品凍結或冷藏之業者，例如葛原冷藏株式會社與冰室組。參見高宇，《戰間期日本の水產物流通》，頁133。

[9] 吉川精馬編輯，《大正十四年版臺灣經濟年鑑》（臺北市：實業之臺灣社，1925年），頁364-365。笠間晴雄，〈臺灣に於ける製氷業の現況〉，《臺灣水產雜誌》第125號（1926年6月），頁29-30。副島伊三，〈本島に於ける製氷業並に漁業用氷消費に就いて〉，《臺灣水產雜誌》第227號（1934年2月），頁20。

10錢，1錢等於10厘，1厘等於0.001圓）左右。明治40年（1907）7月，該會社再添置同一公司製35噸製冰機，並將原5噸製冰機移至臺南分工場。明治39年（1906）3月臺南製冰合名會社成立，明治43年（1910）初夏，擁有5噸製冰能力的基隆製冰所與臺中製冰合資會社、2噸半製冰能力的古賀製冰所（按：位於高雄）先後成立，明治44年（1911）5月臺灣冷藏合資會社於臺南設立安裝5噸製冰機，大正元年（1912）12月嘉義的帝國製冰會社亦創立，製冰業可謂呈勃興之趨勢。[10]

一　新高製冰株式會社獨占時期

然而雖說製冰業呈勃興之發展，但畢竟供過於求，以致製冰界漸呈混戰狀態，競爭販賣的結果使其一同陷入經營困難之窘境，合併之聲於是被提出。明治45年（1912）4月，合併協約成立，基隆製冰會社（按：基隆製冰所於明治44年〔1911〕被變賣，由買家於明治45年〔1912〕3月另成立基隆製冰會社）、臺中製冰合資會社、臺灣冷藏合資會社、古賀製冰所合併，成立「新高製冰株式會社」（按：位於臺北大稻埕）。臺灣製冰株式會社認為此一合併案有托拉斯之嫌，而臺北市民也怕合併後冰價會暴漲，在這樣的氛圍下，臺北製冰株式會社成立，加入對新高製冰株式會社的施壓，該會社資本15萬圓，惟沒有設置製冰工場，全由日本輸入製冰。[11]

大正2年（1913），因為製冰業者的劇烈競爭，冰價降至1斤6、7厘，製冰業者可謂慘澹經營。12又遇到市況不景氣，再加上拖網漁業的展開，使滿多的漁業者收益不佳，連帶使製冰業者受到極大打擊，

---

10 吉川精馬編輯，《大正十四年版臺灣經濟年鑑》，頁364-365。《臺灣商工月報》第79號（1915年11月），頁22。
11 笠間晴雄，〈臺灣に於ける製氷業の現況〉，頁30-31。
12 吉川精馬編輯，《大正十四年版臺灣經濟年鑑》，頁365。

例如新高製冰株式會社該年度下半期純損2萬5千餘圓,帝國製冰株式會社純損1萬1千餘圓,而臺北製冰株式會社雖有收益,也僅1萬2千餘圓而已。[13]

在虧損之下,大正3年(1914)2月,遂由新高製冰株式會社合併其他製冰業者,獨占臺灣販賣權,其獨占以來的營業成績,由於需求逐漸增加與冰價穩定,每期有一成左右的紅利。[14]然而,由於是獨占的局面,因此若有意外,冰源會出問題,於是臺灣漁業株式會社在大正4年(1915)就有意增加製冰、冷藏保管等營業項目。[15]

隨著海陸產業株式會社、臺灣水產株式會社、臺灣漁業株式會社等會社拖網漁船的增加,漁業冷藏用冰量將大增,這些漁業會社希望新高製冰株式會社能降價,並與之持續交涉。另一方面也因漁獲供給過剩,有魚價暴跌的憂慮,為免對各漁業會社帶來營業上的衝擊,以至企圖降低占漁獲費用過半的冷藏冰價,遂欲設置各漁業會社共同冷藏專用的製冰所。新高製冰會社見此狀,願意以1斤降3厘提供漁業用冰,斷其自營製冰工場之念。漁業會社這一方希望能將價格從1貫(按:日本重量單位,1貫等於1千匁等於3.75公斤,1匁=3.75公克)5錢降至3錢5厘,製冰會社則回應說生產成本1貫就要4錢2厘5毛,4錢5厘以下的價格無法接受,雙方也持續協商。[16]

大正5年(1916)5月臺灣水產大會授權執行委員與新高製冰株式會社交涉價格,最後在10月於臺北廳長加福豐次的調停下,拖網漁業用冰100匁3厘7毛5絲,協約效力溯及至5月28日,汽船及補助機關船

---

13 〈本島の事業界(概して不成績)〉,《臺灣日日新報》,第4922號,1914年2月23日,2版。〈事業界不振〉,《臺灣日日新報》,第4923號,1914年2月24日,6版。
14 吉川精馬編輯,《大正十四年版臺灣經濟年鑑》,頁365。
15 〈臺灣漁業總會〉,《臺灣日日新報》,第5249號,1915年2月1日,3版。
16 〈魚相場暴落せん トロールは四隻となる〉,《臺灣日日新報》,第5366號,1915年5月29日,7版。〈漁業と氷價〉,《臺灣日日新報》,第5370號,1915年6月2日,2版。

漁業用冰100匁5厘，鑑於基隆賣冰會社的關係，自10月21日起效。原本拖網漁業用冰直購價100匁4厘2毛5絲，其他漁業用冰透過基隆賣冰會社請賣價100匁4厘2毛5絲，而執行委員最初提的價格是拖網漁業用冰100匁3厘5毛，其他漁業用冰100匁5厘5毛。最後在雙方讓步下，才有上述調停的價格，而一般動力漁業者更降價至100匁2厘。新冰價自11月1日生效，協約1年。原市價1錢的冰，降價幅度不可謂之不大，很多漁業者因此受益。[17]

隨著1年協約屆滿，新高製冰株式會社所報價格因原料與生產費用提高，因此調漲拖網漁業用冰100匁5厘5毛，其他漁業用冰100匁7厘，是以純益配當一成為標準，知會臺灣水產協會要調漲冰價。大正6年（1917）10月20日在基隆召開的全島水產大會出席會員認為沒有必要調漲。[18]雙方冰價沒有共識，協定難產，直至11月6日始定拖網漁業用冰百匁4厘5毛5絲，其他漁業用冰百匁7厘，原去年協定價格可施行至12月10日。[19]

大正7年（1918）4月27日下午2時臺灣水產協會基隆支部於料亭吾妻召開臨時總會，會中提到應盡力與新高製冰株式會社協商恢復以前價格，若不行亦應提出對策，例如自設25噸能力製冰工場，也提到日本某會社提到若願自該會社購入漁業用冰，會以在基隆設新製冰工場為條件做保證。[20]而臺北一部人士也憤慨冰價上漲，謀籌設資本50

---

17 〈漁業用氷價解決〉，《臺灣日日新報》，第5859號，1916年10月22日，2版。〈漁氷減價實行　十一月一日より〉，《臺灣日日新報》，第5878號，1916年11月2日，2版。
18 〈水價直上か　漁業用水の再協定〉，《臺灣日日新報》，第6223號，1917年10月23日，2版。〈水產協會大會〉，《臺灣日日新報》，第6225號，1917年10月25日，1版。
19 〈氷價協定難〉，《臺灣日日新報》，第6236號，1917年11月5日，2版。〈氷價協定之難〉，《臺灣日日新報》，第6237號，1917年11月6日，5版。〈氷價協定難　十二月十日迄に協定〉，《臺灣日日新報》，第6238號，1917年11月7日，2版。
20 〈水產臨時總會　氷價問題討議さる〉，《臺灣日日新報》，第6411號，1918年4月29日，2版。

萬新製冰會社，安裝20噸至30噸能力製冰機械，銷路除供臺北各地飲用之外，並可供漁業界之冷藏。[21]

隨著石油發動機漁船的激增，以至大正7年（1918）漁撈期冷藏用冰告缺，漁業者無不擔心，新高製冰株式會社基隆工場原有26噸能力汽罐式製冰機供貨不足，於是5月13日增加兩臺5噸及3噸半電力裝置製冰機器，合起來有34噸半製冰能力，而臺北工場尚有25噸的餘裕，加起來有59噸半，可提供1日約1萬3千貫的需要。臺灣水產協會調查石油發動機漁船、戎克漁船、拖網漁船、以及工場用的漁業用冰預估190萬貫，新高製冰株式會社亦樂觀認為拖網漁船出漁之際會有150萬貫的需求，足比大正6年（1917）的需求量100萬貫高出半倍之多，因此新高製冰株式會社除了已有的製冰能力外，亦要增設250噸的貯藏倉庫，也有欲裝置百噸能力的大製冰機。[22]

二 日東製冰株式會社[23]獨占時期

至於前小節所提若購入其漁業用冰，將會在基隆設新製冰工場做為保證的日本某會社，即是在門司有工場的「東洋製冰株式會社」。該會社著眼於臺灣的冰價，認為進口日本製冰是有利潤的，遂開始進口主要為漁業用與生魚儲藏用之製冰，而冰價比新高製冰株式會社便宜。由於新高製冰株式會社在考量與之競爭亦無利潤的情況之下，大正8年（1919）由日本製冰株式會社合併。同年東洋製冰也在日本與日本製冰株式會社合併成立「日東製冰株式會社」，其在臺灣島內的

---

21 〈籌設製冰會社〉，《臺灣日日新報》，第6416號，1918年5月4日，5版。
22 〈漁業用氷高 百五十萬貫の豫想 基隆分工場の增設〉，《臺灣日日新報》，第6429號，1918年5月17日，2版。
23 昭和3年（1928），日東製冰株式會更名為大日本製冰株式會社。

製冰會社改稱日東製冰株式會社某某工場。[24]

　　大正8年（1919）日東製冰株式會社為履行之前興建百噸工場建於八尺門的承諾，已開始籌備，當時另有一欲設於蚵殼港基隆製冰會社創立計畫。[25]該年7月下旬至8月上旬是北臺灣漁業界最繁忙時期也是最酷暑時期，用冰量最高峰，卻飲用水涸渴外，最主要還是製冰機故障，漁船無法出漁，損失慘重，因此不時有自產自給的提議出現。[26]

　　以往基隆漁業用冰每年會有數次由日本進口，大正9年（1920）幾乎沒有進口，再加上電力故障等因素，使臺北、基隆、高雄等地製冰業受創，再加上沒有降雨，酷暑難耐，製冰更不可能，以往日東製冰會社從臺北運來4車（案：1車平均2,500貫）幾乎是漁業用冰，8月8日僅來2車，其中1車還是給市內其他用冰，基隆漁業者大受打擊，鰹魚期鰹漁業者無法出漁，赤鯛漁業者面臨同樣情況，而基隆港內還繫留著17艘戎克漁船。臺灣水產協會基隆支部長吉井治藤太特於8日上午訪問日東製冰株式會社，協調漁業用冰供給問題。[27]而大正9年（1920）這一年漁業的盛況，又頓時凸顯出製冰的需要，因此日東製冰株式會社除了從高雄、臺北兩工場持續送冰外，還花更多的費用遠從大阪輸入製冰，以填補不足。同年（1920）4月該會社終在基隆八尺門興建製冰能力百噸的大工場，11月完工，正式加入製冰生產。[28]

　　大正11年（1922）臺灣實施酒專賣制度，當時從事酒釀造的「新

---

24 吉川精馬編輯，《大正十四年版臺灣經濟年鑑》，頁365。〈新高製冰合併〉，《臺灣日日新報》，第6662號，1919年1月5日，5版。

25 〈基隆　製冰工場〉，《臺灣日日新報》，第6940號，1919年10月10日，4版。

26 〈昨年の水產業（上）　其の悲運の第二次〉，《臺灣日日新報》，第7027號，1920年1月5日，2版。

27 〈氷の供給杜絕　基隆漁業者大打擊〉，《臺灣日日新報》，第7244號，1920年8月9日，5版。

28 笠間晴雄，〈臺灣に於ける製氷業の現況〉，頁31。

高釀造株式會社」面臨解散，解散之際該會社認為臺灣製冰事業乃獨占事業，其供給量不充分，於是計劃製冰事業做為新規事業，後安裝2臺8噸與10噸新式製冰機開始在臺北供給製冰，會社並改組為「臺北製冰冷藏株式會社」。不過後來亦因競爭的激烈，導致其冰價幾不敷成本，大正12年（1923）與日東製冰株式會社交涉合併，日東製冰株式會社又成獨占局面。而這一獨占局面，同樣亦在日本上演。

三　百家爭鳴時期

大正12年（1923）5月15日日本農商務省訂定的「水產冷藏獎勵規則」，其實是打破臺灣製冰業獨占局面，進入百家爭鳴的重要因素之一。原為臺灣製冰始祖的「臺灣製冰株式會社」，大正13年（1924）4月再度成立，製冰能力15噸。同年，臺灣的製冰能力為日東製冰株式會社各地工場日產製冰能力130噸、冷藏庫100噸、臺灣製冰株式會社臺北工場15噸、高砂麥酒株式會社40噸（按：以製冰為副業）、其他各地工場10噸，計295噸。[29]

大正14年（1925）臺灣人張福老亦以65,000圓資本於臺北創立10噸製冰能力的馥泉製冰所，為臺灣人經營製冰事業之嚆矢，同年在高雄市另有資本200,000圓、10噸製冰能力的高雄製冰株式會社設立。[30]

為了與其他製冰會社競爭，昭和2年（1927）日東製冰株式會社直營，不再委託基隆賣冰會社，2月11日開始，原價格從1貫5錢5厘降至4錢8厘。[31] 其後一方面隨著民眾衛生思想的普及，另一方面又基於漁

29　吉川精馬編輯，《大正十四年版臺灣經濟年鑑》，頁365-366。
30　笠間晴雄，〈臺灣に於ける製氷業の現況〉，頁32。
31　〈今後の氷販賣は　日東製氷會社直營　基隆漁業者を招待　貫四錢八厘の現金賣聲明〉，《臺灣日日新報》，第9621號，1927年2月11日，2版。

業的發展，製冰業乃迅速發達。昭和元年（1926）臺灣製冰工場數22間，至昭和8年（1933）62間，增加181.82%（詳見表4-2）。大正13年（1924）製冰能力295噸，至昭和8年（1933）其製冰能力總計達936.5噸，增加217.46%。[32]惟大日本製冰株式會社（按：原日東製冰株式會社）其製冰能力達394噸（42.07%），在製冰市場上仍有一定的影響力，就如同其在日本一樣，有50%以上的市占率。

表4-2　1926-1933年臺灣製冰產值

年別	工場數	製冰能力（噸）	生產量（噸）	金額（圓）
1926	22	558	73,517	1,018,077
1927	28	653	90,926	1,215,562
1928	36	736	103,009	1,406,352
1929	47	799	122,141	1,546,704
1930	54	851.5	148,238	1,510,216
1931	58	891.5	116,829	1,247,849
1932	62	931.5	108,601	1,088,549
1933	62	936.5	—	—

資料來源：副島伊三，〈本島に於ける製氷業並に漁業用氷消費に就いて〉，頁20-21。

隨著臺灣製冰業者增加，各地多有所競爭，以致蝕本，為防止削價競爭，統一價格，全臺製冰工場謀設臺灣製冰冷藏同業組合，昭和6年（1931）12月5日下午2時半，在嘉義市公會堂舉行成立儀式，臺灣製冰冷藏會社、大日本製冰會社、中央製冰社、蓬萊水產會社、基

---

[32] 佐佐木武治編輯，《臺灣水產要覽》（臺北州：臺灣水產會，1933年版），頁46。副島伊三，〈本島に於ける製氷業並に漁業用氷消費に就いて〉，頁20-21。葉屏侯纂修，《臺灣省通志稿・經濟志・水產篇》，頁190。

隆冷藏會社、昭和製冰公司、臺南製冰會社、高雄製冰會社、東港製冰會社、嘉義購買利用組合、馥泉製冰會社、新竹電燈會社12家工場代表與會，開始走向良性之競爭，12月19日向總督府提出申請，翌年（1932）4月4日獲得許可，昭和9年（1934）5月正式設立。[33]

至昭和15年（1940），全臺製冰能力達到最高，日產1千1百餘噸（按：與大正13年〔1924〕相比，增加高達272.88%以上），甚至有供過於求的現象，這對漁業會社與漁業者來說，自可降低其生產成本。基隆、高雄向來是臺灣漁業發展重鎮，自然在製冰能力上比其他城市來得大。就漁業用製冰來說，昭和16年（1941）日本水產株式會社（按：合併日本食糧工業株式會社，該會社係於昭和9年〔1934〕由大日本製冰株式會社合併帝國冷藏會社與合同水產工業而成）在基隆濱町有製冰能力120噸的工場，在入船町也有25噸工場，而基隆冷藏株式會社則有40噸製冰能力，其他會社工場有5噸製冰能力，總計190噸製冰能力。至於日本水產株式會社在高雄新濱町有製冰能力120噸的工場（按：以往僅49噸），而為配合南方漁場的開拓，日本水產株式會社在新濱町另增設70噸工場，高雄總計達210噸製冰能力。[34]

表4-3　1933年1月臺灣製冰工場及製冰能力

工場名	所在地	製冰能力(噸)
臺北州		
大日本製冰株式會社臺北工場	臺北市上奎府町	50
大日本製冰株式會社萬華工場	臺北市綠町	16

---

33 〈製氷業者　設冷藏組合〉，《臺灣日日新報》，第11371號，1931年12月7日，8版。〈全島製氷業者同業組合設立計畫〉，《臺灣水產雜誌》，第194號（1932年3月），頁41。〈水產日誌〉，《臺灣水產雜誌》，第196號（1932年5月），頁39。

34 〈基隆、高雄の製氷能力と漁業　高雄は更に擴張〉，《臺灣日日新報》，第14904號，1941年9月5日，2版。

工場名	所在地	製冰能力（噸）
臺灣製冰冷藏株式會社	臺北市新富町	15
臺北中央市場株式會社	臺北市壽町	15
高砂麥酒株式會社	臺北市上埤頭	15
大和製冰株式會社	臺北市上奎府町	30
馥泉製冰株式會社	臺北市下奎府町	25
龍門工業合資會社	臺北市綠町	8.5
大日本製冰株式會社第三三基隆工場	基隆市雙葉町	33
大日本製冰株式會社第五十九基隆工場	基隆市濱町	120
基隆冷藏株式會社	基隆市昭和町	20
葉獅商會製冰所	基隆市入船町	25
丸越鑛泉製冰合資會社	基隆市福德町	5
玉泉製冰公司	七星郡士林庄	5
海山製冰工場	海山郡板橋街	5
臺灣電力株式會社蘇澳製冰部	蘇澳郡蘇澳庄	20
小計	16處	407.5
新竹州		
新竹電燈株式會社製冰部	新竹市	15
竹南製冰公司	竹南郡竹南庄	7
小計	2處	22
臺中州		
中央製冰株式會社	臺中市老松町	15
大日本製冰株式會社臺中工場	臺中市綠川町	30
富春製冰株式會社	豐原郡豐原街	10
東豐製冰株式會社	東勢郡石岡庄	5

工場名	所在地	製冰能力（噸）
清水製冰株式會社	大甲郡清水街	5
大日本製冰株式會社彰化第一二一工場	彰化郡彰化街	15
彰化製冰工場	彰化郡南郭庄	5
高砂製冰工場	彰化郡彰化街	5
員林製冰株式會社	員林郡員林街	5
玉壺製冰公司	員林郡員林街	10
源豐製冰公司工場	員林郡田中庄	4
南投製冰株式會社	南投郡南投街	10
柯保安製冰工場	能高郡埔里街	1
共益公司製冰工場	能高郡埔里街	3
裕榮製冰工場	竹山郡竹山庄	2
小計	15處	125
臺南州		
大日本製冰株式會社第三八臺南工場	臺南市鹽埕町	15
大日本製冰株式會社第一三四臺南工場	臺南市新町	20
臺南製冰株式會社	臺南市新町	30
大日本製冰株式會社嘉義工場	嘉義市	30
有限責任嘉義購買利用組合製冰工場	嘉義市	10
有限責任臺南冷藏製冰購買利用組合工場	臺南市西門町	5
佳里製冰合資會社製冰工場	北門郡佳里庄	5
新營製冰工場	新營郡新營庄	10
昭和製冰公司製冰工場	斗六郡斗南庄	10
斗六製冰公司製冰工場	斗六郡斗六街	10
虎尾製冰公司製冰工場	虎尾郡虎庄	5

工場名	所在地	製冰能力（噸）
北港製冰公司製冰工場	北港郡北港街	5
朝日製冰合名會社	臺南市	5
小計	13處	160
高雄州		
大日本製冰株式會社第三十九高雄工場	高雄市湊町	50
合同水產株式會社高雄工場	高雄市新濱町	40
高雄製冰株式會社	高雄市鹽埕町	25
岡山製冰公司	岡山郡岡山庄	5
泰山製冰株式會社	高雄市旗後町	15
大日本製冰株式會社屏東工場	屏東郡屏東街	15
恒春製冰工場	恒春郡恒春庄	5
東港製冰株式會社	東港郡東港街	10
高雄自動車合資會社屏東製冰部	屏東郡屏東街	5
鳳山製冰合資會社	鳳山郡鳳山街	5
旗山製冰公司	旗山郡旗山街	5
小計	11處	180
花蓮港廳		
花蓮港電市氣株式會社製冰部	花蓮港街	13
臺東廳		
臺東拓產合資會社製冰工場	臺東街	4
澎湖廳		
澎湖製冰株式會社製冰工場	馬公街	20
合計	60處	931.5

說　　明：1.漁貨運銷通路中，包括產地魚市場與消費地魚市場，因而此表將臺灣

各地製冰工場皆予羅列。2.昭和3年（1928），日東製冰株式會更名為大日本製冰株式會社。3.臺灣製冰株式會社於昭和4年（1929）解散，由基隆葉獅購買其基隆工場，設立葉獅商會製冰所。

資料來源：佐佐木武治編輯，《臺灣水產要覽》（臺北市：臺灣水產會，1933年版），頁47-48。

第三節　臺灣冷藏業的發展

相對於製冰業，冷藏業發展較晚。明治41年（1908）臺北市役所經營的冷藏事業可謂臺灣冷藏業之嚆矢，雖然冷藏能力只有2噸。[35]某漁業實業家曾指出要使臺灣漁獲增加，使本島能有鮮魚供給，得靠動力化漁船（包括冷藏漁船）的發達與冷藏庫設備的完善。[36]而如何將漁獲從產地運至全臺各地消費市場，而能保持其新鮮？冷藏貨車成為重要工具。以下分別就冷藏貨車、冷藏漁船、以及冷藏庫說明之。

一　冷藏貨車與冷藏漁船

日本鐵道冷藏貨車始於明治41年（1908）[37]，兩年後臺灣鐵道部建造2輛鐵道冷藏貨車，明治43年（1910）8月試運轉，位於基隆的基澎興產合資會社在該貨車開始運轉的同時，利用該貨車及臺北市場內的冷藏庫，開始販賣真鰹。[38]

這兩輛冷藏貨車也做了進一步的試驗，明治43年（1910）8月11日下午5時許，第1號冷藏貨車分別裝載967斤臺灣製冰會社與951斤基

---

35 臺灣總督府殖產局，《臺灣水產要覽》（臺北市：該局，1925年版），頁47。高宇，《戰間期日本の水產物流通》，頁15。

36 〈本島漁業之前途〉，《臺灣日日新報》，第4783號，1913年9月30日，5版。

37 片山房吉，《大日本水產史》，頁540。

38 〈冷藏貨車と真鰹〉，《臺灣日日新報》，第3684號，1910年8月6日，3版。

隆製冰會社的製冰，經14個小時的車程來到高雄，兩者製冰經試驗都溶化一半。8月12日，另將試驗魚分別裝在第2號冷藏貨車與普通車內，下午6時15分從基隆出發，於13日7時35分抵達高雄，檢查後，普通車的冰全溶化，冷藏貨車的冰同前天試驗仍餘留一半，且普通車的試驗魚已呈現軟化，魚體溫度15-16度，較冷藏貨車魚體高出1倍，而試驗下來魚10貫冷藏貨車需要4貫的冰，普通車則需要7貫多的冰。這次水產試驗，冷藏貨車上還載有基澎興產合資會社於11日下午3時至5時於基隆港外海5浬處所捕撈的鰹魚240貫，在新竹、苗栗、臺中、彰化、斗六、嘉義、臺南等站全數賣出，品質不錯，獲得不錯的迴響，在臺中還以1斤（按：1貫等於6.25斤）35錢的高價賣出，可見當時冷藏貨車的試驗是成功的。[39]甚至後來基隆漁業者若遇到魚市價格不好，亦會利用冷藏貨車直接運抵中南部，以獲較高魚價。[40]

此外，明治43年（1910）8月基澎興產合資會社利用冷藏貨車運轉開始，在其漁船內裝置冷藏設備，成為開端，幾與日本本地同時。[41]臺灣以往所使用的漁船以竹筏或者戎克船為主，因此出漁範圍極為狹小，漁業生產率無法明顯提昇。為了改善此種情況，當局累年獎勵動力化漁船的建造，其結果從大正5年（1916）動力化漁船只有46艘，至昭和16年（1941）達到高峰，計有1,509艘。由於動力化漁船數目的大增，其漁撈範圍從臺灣近海遠至南海、東京灣、蘇祿海、西里伯斯海、呂宋東海，使漁獲率迅速增加。[42]

由於漁場的擴展，船體相對增大，其漁船內無線電信電話與冷藏

---

[39] 臺灣總督府殖產局，〈冷藏貨車鮮魚運搬試驗報告〉，《臺灣水產雜誌》第5號（1916年5月），頁5-9。

[40] 〈漁業季節に入る　漁獲の實況と工場問題〉，《臺灣日日新報》，第6427號，1918年5月15日，7版。

[41] 〈冷藏貨車と真鰹〉，《臺灣日日新報》，第3684號，1910年8月6日，3版。

[42] 佐佐木武治編輯，《臺灣水產要覽》（臺北州：臺灣水產會，1940年版），頁109。

裝置等特殊設備必不可少。無線電信電話可增進漁獲率與海難防止，臺灣總督府自昭和4年（1929）開始獎勵補助無線電信電話的裝設，冷藏裝置則自昭和6年（1931）開始給予獎勵補助。[43]

惟不少水產會社早洞悉在漁船內裝置無線電信電話與冷藏設備之重要性，昭和2年（1927）臺灣已有20餘艘機動底拖網漁船，歲末漁期即在這些漁船裝設無線電信以及冷藏裝置，基隆蓬萊水產會社率先在高砂丸與蓬萊丸兩船同時裝置無線電信與冷藏設施，成為嚆矢。可透過無線電信通報好漁場，增加漁獲，漁獲物全部冷藏，保持魚的鮮度。[44]

至昭和10年（1935）起，總督府水產獎勵事業還以拓展南洋水產為目的，除了持續補助冷藏裝置，曾於昭和12年至17年（1937-1942）每年補助1艘冷凍運搬船的建造。[45]

二　冷藏庫

宮田彌次郎農林技師曾於昭和3年（1928）9月在日本鐵道旅館關西部日本水產大會時，講演水產冷藏時提到：「冷之為力，其應用之範圍甚廣，為水產業者可，弗論在工業之用亦多。……日常食糧品欲為貯藏耐久，是為重要者，如水產物，易於腐敗者，非借冷之力則無以解決。……冷之力，其應用於水產業者，約自明治30年（1897），當時既腐者乃用冰，因受惡評，最近應用諸新者。我國所製之冰，有6成用諸水產。冷藏事業，用於水產業者實多，然冷藏事業至今只用冰，尚不充分，宜藉機械力，自由自在創冰以下之溫度，期冷藏事業

---

43 佐佐木武治編輯，《臺灣の水產》（臺北州：臺灣水產會，1935年），頁99-107。
44 〈底曳網の無電冷藏裝置〉，《臺灣日日新報》，第9941號，1927年12月28日，2版。
45 臺灣總督府，《臺灣總督府事務成績提要》，各年度。

之澈底……歐洲大戰以來，冷藏事業，世界的急激發展。日本政府自大正以來，獎勵斯業，亦大為進展。現在之冷藏庫，有2百庫，達1千萬立方尺；運搬船有30艘，達1萬8千噸。此外，冷藏貨車，全為水產業而設者，冷藏貨車之使用數，一年間，達6、7萬噸，其中二成為冷凍魚，五成二分為鮮魚，餘為鹽乾魚。水產業與農業或畜牧業一樣，時有豐凶。在豐凶之際，可以冷藏魚提供而調節之，不但民眾可免消費高價之魚，而水產業者亦始終得保持魚價之均衡，在事業經營上，極得便宜，為此冷藏與水產業者，確有密切之關係。為水產業者之理想，自生產至供給，均宜應用冷之力，魚類以新鮮度為第一要務，即自漁獲當時，宜如何維持鮮度不可不努力為之也，不然價格低落之時，則徒勞無功。在臺灣特意普及冷藏事業，而於日本本地無可受入者，則亦無濟於事，故宜互相連結，做冷藏網。殊如臺灣將為日本國南洋漁業之策源地，更不可不先內地，進一步而為之也。臺灣冷藏事業，今尚未興辦，殊可憾也。要之水產冷藏事業，使之利用發達，其貢獻於本島者，實為非常也。」[46]

的確，冷藏業對水產業發展確實帶來貢獻，各地亦紛紛興建冷藏庫。例如明治44年（1911）臺灣冷藏庫合資會社在臺南市西市場的冷藏庫經過試運轉，獲得不錯的成績後，4月1日正式開業，冷藏庫動力與臺北市場相差無幾，惟規模大上幾倍，共計有4間冷藏室，冷藏第一種類有鯛及其他上等魚類及日本本地牛肉，本地牛豬肉為第二種類，蔬菜為第三種類，另有一般普通魚類。[47]臺灣漁業株式會社亦於大正4年（1915）1月28日，假臺南公館樓上，召開定期股東大會，除

---

46 〈水產冷藏之概況（上） 冷之力可利用者多〉，《臺灣日日新報》，第10215號，1928年9月28日，4版。〈水產冷藏之概況（下） 在臺灣亦宜大為設施〉，第10217號，1928年9月30日，4版。

47 〈臺灣冷藏開業式〉，《臺灣日日新報》，第3900號，1911年4月2日，5版。

該社遷至臺北外,追加製冰、販賣、冷藏保管諸營業。[48]

惟大正14年（1925）版《臺灣水產要覽》曾提及:「現在本島製冰業已漸完備,惟冷藏業還處於不振的狀態,近年才只在島內重要市街見到小規模的冷藏設備,水產業界更沒有一個漁業根據地可見到此一設備。」[49]以大正14年時臺灣冷藏業概況（詳如表4-4）來說,大多是規模不大,冷藏能力2至10噸而已,且主要為日東製冰株式會社所經營,即使位於基隆的日東製冰株式會社八尺門工場,其冷藏設備亦僅為該工場的附屬設備。

表4-4　1925年臺灣冷藏業概況

所在地	經營者	新設年別	冷藏法	冷藏能力（噸）	馬力數	坪數 機械室	坪數 冷藏室	坪數 附屬建物	備註
基隆市	日東製冰株式會社	1922	蒸氣機關使用阿摩尼亞直接冷藏式	10	240	12	38	—	本庫為製冰100噸工場的附屬設備
臺北市	臺北市役所	1908	電力使用阿摩尼亞直接冷藏式	2	3	6	12	6	—
臺北市	日東製冰株式會社	1923	同上	10	21	16	48	8	本庫由製冰工場改造
臺中市	日東製冰株式會社	1923	同上	冷藏5、製冰2.5	25	15	18	—	冷藏與製冰工場合置

48　〈臺灣漁業總會〉,《臺灣日日新報》,第5249號,1915年2月1日,3版。
49　臺灣總督府殖產局,《臺灣水產要覽》（臺北市:該局,1925年）,頁46-47。

所在地	經營者	新設年別	冷藏法	冷藏能力（噸）	馬力數	坪數 機械室	坪數 冷藏室	坪數 附屬建物	備註
嘉義街	日東製冰株式會社	1924	同上	2	5	6	6	15	
臺南市	日東製冰株式會社	1923	同上	5	16	13.5	17	9	
合計				34	310	—	—	—	

資料來源：臺灣總督府殖產局，《臺灣水產要覽》（臺北市：該局，1925年），頁47。

當時冷藏設備主要著眼於市街一般食品的冷藏，至於鮮魚及一般海產物的冷藏尚無，僅有市場中之魚販，每將售餘肉類，委託寄藏，故專為水產業的冷藏機關幾付之闕如。[50]至昭和3年（1928）也僅限於基隆鰹事業期間，有臨時性的鰹節冷藏設備。例如大正15年（1926）有8名基隆鰹節製造業者要組成同業組合對鰹節貯藏的資金融通負連帶責任，8月24日臺北州水產會基隆支會召開創立總會決議諸規約，通過可各自向臺灣銀行借入要額，惟所有組合員借入總額以200,000圓為限，充為基隆與臺北日東製冰會社冷藏庫鰹節存貨單。[51]

然而，隨著臺灣水產業的發展，冷藏機關的完備相對重要，因此昭和3年（1928）「蓬萊水產株式會社」於高雄興建冷藏能力50噸之工場，即「蓬萊水產株式會社高雄冷藏庫」，為水產冷藏業之嚆矢。[52]該

---

50 臺灣總督府殖產局，《臺灣水產要覽》（臺北市：該局，1925年版），頁47-48。葉屏侯纂修，《臺灣省通志稿・經濟志・水產篇》，頁190。

51 〈基隆鰹節業者 同業組合組織〉，《臺灣日日新報》，第9456號，1926年8月30日，2版。

52 臺灣總督府殖產局，《臺灣水產要覽》（臺北市：臺灣總督府，1928年版），頁45。岩崎小虎編輯，《臺灣水產要覽》（臺北市：臺灣水產會，1930年版），頁35。佐佐木武治編輯，《臺灣水產要覽》，1935年版，頁60。

冷藏庫興建緣由係原建於大正12年（1923）中位在高雄港具有1千坪3層樓的葛原冷藏庫，惟因9月1日關東大地震後所帶來的經濟不景氣，致其中止在臺冷藏庫事業，工程亦在同年停工，至昭和3年（1928）才由蓬萊水產會社接手復工，並以50萬圓工程費完工，收容能力鮮魚1,500噸，並兼以自家發電製冰1日生產20噸，供自家會社以及一般漁船使用，對穩定魚價做出很大的貢獻。

蓬萊水產株式會社高雄冷藏庫曾於昭和4年（1929）3月16日上午10時招待官民參觀。[53]總督府人見次郎總務長官，亦於12月4日至高雄視察時，特地參訪該冷藏庫，可見總督府對冷藏事業的重視。[54]

蓬萊水產株式會社在高雄的成功，因此有了進一步要在基隆興建冷藏庫的計畫。[55]而基隆有力漁業家於昭和3年（1928）亦特陳情可由臺北州水產會於基隆建設經營製冰冷藏庫，幾經波折，終在昭和6年（1931）誕生「基隆冷藏株式會社」。[56]

起初，以共同漁業株式會社的子會社－蓬萊水產株式會社為中心的基隆有力漁業家談到，可由共同漁業出資大部分，於基隆興建冷藏庫，並與連署漁業家共同經營，一般漁業者也可均霑利益為條件之下，提出租賃建設用地的連署申請。連署代表林準二在昭和3年（1928）夏從用地管理者交通局拿到租賃許可後，不但沒有告之連署

---

53 〈高雄／冷藏庫披露〉，《臺灣日日新報》，第10380號，1929年3月13日，5版。
54 〈人見長官　巡畢歸北〉，《臺灣日日新報》，第10646號，1929年12月6日，5版。
55 〈蓬萊水產會社が　葛原の冷藏庫繼承　やりかけの事業を買收して　高雄岸壁に冷藏庫設置〉，《臺灣日日新報》，第9924號，1927年12月11日，2版。〈冷藏と製氷業　高雄に於ける　蓬萊水產の計畫〉，《臺灣日日新報》，第9986號，1928年2月11日，3版。〈蓬萊水產會社の　高雄冷藏庫竣成　收容能力鮮魚千五百噸　自家發電で製氷二十噸〉，第10210號，1928年9月22日，1版。岡本信男，《近代漁業發達史》，頁265。
56 〈臺北州水產會の手で　製氷冷藏庫を　基隆に建設經營　され度いと陳情〉，《臺灣日日新報》，第10233號，1928年10月16日，1版。

同伴，反以蓬萊水產代表者的身份，透過基隆警察署長向臺北州知事申請自社用製冰冷藏庫的建設經營許可。和泉種次郎等4名獲悉，隨即拜會基隆警察署長，確認此事後相當不滿，在水產會基隆支會有馬主事的介入下，和泉種次郎等認為應改為連署方分擔大部分資金，至少也要出資一半。最後連署方協議結果是利用公共設備，公共營業，不要讓一會社獨占。基於擁護基隆漁業的觀點來看，理應由臺北州水產會來經建冷藏庫。冷藏庫建設主唱者林準二很快就同意，開始轉向臺北州水產會高橋親吉會長陳情，由州水產會出面興建經營之。[57]

臺灣水產株式會社專務和泉種次郎等數人，10月15日早上拜會臺北州高橋親吉知事（兼州水產會長）於知事辦公室，說明事情原委，並希望由州水產會出面興建經營基隆冷藏（製冰）庫。高橋以其有抵觸「水產會非營利行為」之規定，促和泉等人再考慮別案。[58]因此，以訪問高橋會長的11名為發起人，網羅基隆各種漁船主、經紀人及水產關係營業者，計二百數十名，組織代表基隆漁業界之「基隆水產利用組合」，經營製冰冷藏事業。莊司辨吉起草定款及計畫書，於10月底完稿，隨即召開發起人會，12初旬開創立總會，將其決議向高橋會長陳述，希望製冰冷藏庫由州水產會興建，而貸與基隆水產利用組合。並言明若得會長同意，立即召集州水產會臨時總代會，求其協贊。以其決議，向總督府申請貸款製冰冷藏庫興建所需之低利資金約30萬圓。[59]

---

[57] 〈基隆冷藏庫の建設　州水產會長へ陳情迄の經緯〉，《臺灣日日新報》，第10233號，1928年10月16日，3版。

[58] 〈臺北州水產會の手で　製氷冷藏庫を　基隆に建設經營　され度いと陳情〉，《臺灣日日新報》，第10233號，1928年10月16日，1版。

[59] 〈市經營の製氷事業は　民間事業の壓迫である　慎重考慮を要する重要問題　當業者當局に陳情〉，《臺灣日日新報》，第10240號，1928年10月23日，3版。〈水產會建設冷藏庫　新組合創立畫策　基隆水產組擔當經營〉《臺灣日日新報》，第10241號，1928年10月24日，4版。

惟高橋會長終究沒有同意，昭和4年（1929）10月6日由和泉種次郎等10名為發起人，決定以「會社」經營方式成立資本300,000圓計6,000股的基隆冷藏株式會社，基隆水產支會莊司辨次執創立事務，創立總會訂10月底召開，林兼2,000股，西村2,000股，當地漁業家2,000股（例如蓬萊水產會社林準二個人名義100股，大日本製冰498股）。[60]

然糾紛不斷，創立總會一延再延。由於對蓬萊水產與林兼商店內定為股東，有人質疑甚至反對，年底蓬萊水產選擇退出，此外又有製冰業者硬要加入，都必須要去解決，終至昭和5年（1930）2月13日下午2時於臺灣水產會議室召開創立總會，股東34名中有23名出席，合計委任狀共有4,335張，合於法令規定，總會成立，由和泉種次郎擔任主席，報告創立經過，選出和泉等10名理事、天野等5名監事，並由和泉種次郎出任社長一職，而事業正式開始為昭和6年（1931）。[61]

由於臺灣各地雖多製冰會社，有關冷藏庫僅有高雄蓬萊水產株式會社與基隆冷藏株式會社可謂完善。總督府為圖臺灣水產業之振興，自昭和6年度（1931）起，獎勵設置冷藏設備，只要在適當的漁業產地興建冷藏庫，將補助三分之一的建設費或增設費。[62]州廳方面，也在預算的允許下給予補助。

昭和7年（1932）9月澎湖廳水產會欲建設經營20噸冷藏庫，一方面向總督府申請補助金，另一方面與東京中央冷凍工業所進行工程簽

---

60 〈基隆冷藏庫　愈愈具體化〉,《臺灣日日新報》，第10592號，1929年10月13日，2版。〈基隆冷藏庫　具體化〉,《臺灣日日新報》，第10595號，1929年10月16日，4版。

61 〈基隆冷藏會社　創立準備捗る　二十五日頃創立總會〉,《臺灣日日新報》，第10687號，1930年1月17日，2版。〈基隆冷藏庫　創立總會　社長は和泉氏〉,《臺灣日日新報》，第10715號，1930年2月14日。

62 〈昭和六年度水產業　獎勵方針決定／六、水產冷藏獎勵〉,《臺灣日日新報》，第11132號，1931年4月11日，3版。〈本島水產業の振興と　冷藏設備の獎勵　全島的に普及の方針〉,《臺灣日日新報》，第11243號，1931年7月31日，5版。〈為圖本島水產振興　全國獎勵冷藏設備〉,《臺灣日日新報》，第11250號，1931年8月7日，4版。

約之事。翌年（1933）2月獲得總督府9千圓的補助，3月開工，竣工後於5月24日上午10時至25日下午4時連續試運轉，成績良好，6月1日開業。[63]

此外，因南方澳漁場，蘇澳水產會社自設立以來，漁獲物逐年增加，昭和11年（1936）達百萬圓。惟因漁港裝卸場尚缺冷藏庫，水產關係者均感不便，因此該會社連同關係者磋商建設大冷藏庫，獲得股東支持，認為竣工後，不但完備餌料及出貨調節，維持魚價，且可強固漁港基礎。冷藏庫位置選定在蘇澳漁市場鄰地，總經費70,000圓。翌年度（1937）蘇澳水產會社獲得臺北州廳製冰冷藏庫設備獎勵金20,000圓，但有一小插曲，即臺灣水產會社早在15年前於同地興建20噸製冰工場，昭和11年（1936）又在漁民殷切期盼下投入30,000圓完全冷藏裝置，建設貯冰庫間冷藏庫。而臺北州廳對蘇澳水產會社的獎勵補助，臺灣水產會社即不滿地認為此舉會重侵害其利潤。[64]

隨著水產業的發展，冷藏庫需求亦大，昭和12年（1937）日本水

---

[63] 〈水產の澎湖に　廿噸冷藏庫　業界には大の福音〉，《臺灣日日新報》，第11661號，1932年9月25日，5版。〈澎湖水產業者　創冷藏庫　仰督府補助〉，《臺灣日日新報》，第11662號，1932年9月26日，8版。〈澎湖水產の冷藏庫建設〉，《臺灣日日新報》，第11810號，1933年2月22日，3版。〈冷藏庫建設〉，《臺灣日日新報》，第11830號，1933年3月14日，3版。〈冷藏庫竣功〉，《臺灣日日新報》，第11902號，1933年5月26日，3版。

[64] 〈"獎勵金まで交付し　製氷界を攪亂する　州の態度は不可解と言ふ外ない"　臺灣水產會社から橫槍〉，《臺灣日日新報》，第13257號，1937年2月20日，5版。〈蘇澳水產の製氷施工に　臺灣水產決意を固む　何れが倒產するか競爭せん〉，《臺灣日日新報》，第13281號，1937年3月16日，9版。〈製氷工場の新設で　臺灣水產の既得權は侵さぬ　蘇澳の漁業者衷情を訴ふ〉，《臺灣日日新報》，第13285號，1937年3月20日，5版。日本水產株式會社子會社——東部水產株式會社（資本額1,000,000圓）於昭和14年（1939）10月成立，本部在花蓮，臺東、新港、花蓮港、蘇澳、基隆各地則設置出張所。之前日本水產會社併購蘇澳水產株式會社，並進一步將其權利讓渡東部水產株式會社，包括冷藏庫的使用。參見〈東部水產活況　蘇澳に冷藏庫を新設〉，《臺灣日日新報》，第14272號，1939年12月8日，5版。

產株式會社特將臺北萬華工場移至高雄並改為15噸的冷藏庫。[65]由於南方漁業的飛躍,昭和16年(1941)該會社於高雄港新濱町設置冷藏庫,工程費約90萬圓,1月開工,至9月16日上午10時舉行落成儀式。[66]

第四節　一個數量方法的驗證

　　日本分別從1890年代、1900年代開始發展製冰及冷藏事業,當時做為日本殖民地的臺灣,於明治30年(1897)6月即成立「臺灣製冰株式會社」,為臺灣製冰業之嚆矢。由於臺灣身處亞熱帶及熱帶地區,製冰業呈勃興之趨勢,但亦彼此競爭,競爭有輸有贏,結果開啟臺灣製冰獨占時期。首先為新高製冰株式會社獨占製冰事業(1914-1918),惟隨著日本相關製冰會社在臺設廠,在資本不敵下,由日東製冰株式會社獨占製冰市場(1919-1923)。臺灣水產業在1920年代中、後期開始,有了較大增長的趨勢,製冰需求孔急,大正13年(1924)即進入百家爭鳴時期。製冰業者於昭和9年(1934)5月成立「臺灣製冰冷藏同業組合」,以防止削價,走向良性競爭。

　　然要使臺灣漁獲增加,必須發展遠洋漁業,或要使臺灣有鮮魚供給,甚至出口,冷藏設備的完善成為必要。冷藏貨車、冷藏漁船、冷藏庫的興建,在總督府的施作、獎勵,再加上水產相關業者的重視,都有不錯的成績。

　　那製冰冷藏業對漁獲量做出多少貢獻?可進一步利用 North 的「制度分析法」,以虛擬變數來檢驗其對漁獲額的影響。在製冰業方面,若

---

65 〈基隆、高雄の製氷能力と漁業　高雄は更に擴張〉,《臺灣日日新報》,第14904號,1941年9月5日,2版。
66 〈冷藏庫新設　日水が高雄港に〉,《臺灣日日新報》,第15277號,1942年9月15日,4版。

以展開製冰業百家爭鳴時期的大正13年（1924）為分界點，以虛擬變數（$D_{1902-1923}=0$，$D_{1924-1942}=1$）進行迴歸分析（Regression Analysis）後，得出自明治35年至昭和17年（1902-1942），臺灣漁獲額有53.03%與大正13年（1924）後製冰業蓬勃發展相關聯。在冷藏業方面，我們以大正11年（1922）開始於基隆設置漁業用冷藏庫為水產業轉捩點之年，以虛擬變數（$D_{1902-1921}=0$，$D_{1922-1942}=1$）來檢驗其對漁獲額的影響，在迴歸分析後，得出自明治35年至昭和17年（1902-1942），臺灣漁獲額有50.76%，受到大正11年（1922）漁業用冷藏庫開始在臺設置的影響。若再以昭和3年（1928）「蓬萊水產株式會社」高雄冷藏庫興建為分界年（按：虛擬變數 D1902-1927=0，D1928-1942=1）進行迴歸分析，則有53.10%，受其影響。

表4-5　1902-1942年臺灣漁獲額

年份	漁獲額	年份	漁獲額	年份	漁獲額
1902	538,010	1916	2,102,796	1930	11,771,144
1903	586,085	1917	2,426,388	1931	8,482,776
1904	677,557	1918	3,988,283	1932	9,197,468
1905	650,647	1919	5,057,969	1933	10,806,670
1906	717,187	1920	5,513,121	1934	11,452,341
1907	787,212	1921	5,943,217	1935	13,639,945
1908	902,355	1922	5,988,097	1936	14,934,405
1909	775,529	1923	9,030,651	1937	14,513,106
1910	915,483	1924	9,193,036	1938	15,670,812
1911	964,720	1925	10,031,417	1939	25,183,328
1912	1,013,547	1926	10,225,692	1940	38,894,399

年份	漁獲額	年份	漁獲額	年份	漁獲額
1913	1,551,995	1927	10,822,119	1941	37,195,679
1914	1,662,656	1928	12,670,180	1942	31,607,452
1915	1,561,217	1929	14,446,265		

說　　明：單位為圓。
資料來源：《臺灣水產統計》，各年度。

臺灣水產業新的發展──出口，就如同經營鮮魚冷藏事業的東京葛原商會所報，可將魚類冷藏於設置在臺灣的冷藏庫，再藉由冷藏船輸送至日本與國外。宮田農林技師亦曾說，冷藏之魚類亦可做為國際貿易商品。[67]

那製冰冷藏業對臺灣鮮魚出口量做出多少貢獻？在製冰業方面，仍以展開製冰業百家爭鳴時期的大正13年（1924）為分界點，以虛擬變數（$D_{1896-1923}=0$，$D_{1924-1941}=1$）進行迴歸分析後，得出自明治29年至昭和16年（1896-1941），臺灣鮮魚出口量有70.27%與其相關聯。在冷藏業方面，我們仍以大正11年（1922）開始於基隆設置漁業用冷藏庫為水產業轉捩點之年，進一步利用 North 的「制度分析法」，以虛擬變數（$D_{1896-1921}=0$，$D_{1922-1941}=1$）來檢驗其對臺灣鮮魚輸移出量的影響，在迴歸分析後，得出自明治29年至昭和16年（1896-1941），臺灣鮮魚出口量有61.54%，受到大正11年（1922）漁業用冷藏庫開始在臺設置的影響。若以昭和3年（1928）「蓬萊水產株式會社」高雄冷藏庫興建為分界年（按：虛擬變數 $D_{1896-1927}=0$，$D_{1928-1941}=1$），則有高達85.76%，受其影響，可見「蓬萊水產株式會社」高雄冷藏庫興建的重要性。

---

67 〈水產冷藏之概況（下）　在臺灣亦宜大為設施〉，《臺灣日日新報》，第10217號，1928年9月30日，4版。

表4-6　1896-1941年臺灣鮮魚出口量

年份	出口量	年份	出口量	年份	出口量
1896-1920	0	1928	5,073,394	1936	12,520,565
1921	639,253	1929	8,609,733	1937	11,794,118
1922	656,734	1930	10,030,764	1938	8,841,314
1923	1,654,259	1931	8,068,154	1939	12,260,920
1924	1,272,902	1932	7,599,624	1940	18,986,127
1925	1,726,437	1933	9,508,542	1941	12,446,509
1926	2,699,064	1934	12,255,860		
1927	4,386,425	1935	10,503,755		

資料來源：《臺灣水產統計》，各年度。

小結

　　臺灣水產業在1920年代中、後期開始，有了明顯的成長。成長原因很多，除了臺灣總督府及地方州廳的水產試驗、水產獎勵、水產協力機關的輔導，以及機動漁船的普及等因素外，做為其關聯產業的製冰冷藏業亦帶來一定的影響。在製冰業方面，雖歷經新高製冰株式會社與日東製冰株式會社獨占時期，惟至1924年後，進入百家爭鳴年代，而此時水產業正快速成長中，若進一步利用「制度分析法」進行迴歸分析，其對漁獲額及鮮魚出口量分別有53.03%、70.27%的關聯性。在冷藏業方面，雖然在1910年代已有冷藏貨車與冷藏漁船的使用，但真正影響水產業的還是在1920年代設置漁業用冷藏庫，若進一步利用迴歸分析，其對漁獲額及鮮魚出口量則分別有53.10%、85.76%的關聯性。透過數量方法，皆可看出製冰冷藏業對水產業所帶來的影響與貢獻。

第五章
臺灣造船業的發展
―― 以動力化漁船為例

　　要獲得更大漁獲量,從沿岸漁業擴張至近海漁業與遠洋漁業為必然之趨勢,而這趨勢更取決於動力漁船的發展。19世紀後期日本海域常被歐美國家侵入盜捕,日本為杜絕此一情況、以及為了擴展漁場,遂公布《遠洋漁業獎勵法》,除了獎勵汽船、帆船外,使用新式石油發動機的漁船也受到補助。獎勵法的實施,結果是漁場面積擴大,比獎勵法制定前大十數倍之多,漁獲量亦復如是。此一遠洋漁業獎勵讓漁場擴張及漁獲量大增的「日本經驗」,臺灣公私部門都瞭解其重要性。因此,自1910年臺灣總督府開始編列水產試驗費、水產調查費及獎勵費之國庫預算,進行漁業獎勵,包括動力漁船的獎勵。本章討論期限為1940年代造船業統制時期以前,首節先說明日本發展遠洋漁業發展的契機為何?現代石油發動機的引進與製造為日本帶來的遠洋漁業發展成效又為何?第二節則探討臺灣對於日本發展遠洋漁業讓漁場擴張及漁獲量大增的「日本經驗」反應為何?其對於臺灣遠洋漁業的發展帶來什麼樣的影響?最後探討臺灣動力化漁船製造業發展情形。

第一節　日本遠洋漁業與造船業的關係

一　遠洋漁業獎勵法的影響

　　19世紀後期歐美漁船以日本漁業僅限於沿岸漁業,遂肆意進出日

本近海，捕獵鯨魚、海獺、海狗等。針對歐美偷獵行為，日本政府必須提出實施保護和鼓勵日本漁業的政策，而這一政策即是明治30年（1897）由帝國國會通過，並於翌年（1898）4月1日起生效實施的《遠洋漁業獎勵法》。這項法案得到了近衛篤麿公爵等14名贊成，並由貴族院議員村田保提出，提案中村田保特別強調：「歐美人覬覦我國近海漁利，現在千島諸島的海獸被外國人偷捕，明治維新以來已及數萬圓。俄羅斯人和英國人一直在日本近海嘗試捕鯨，聽說美國人正在北海尋找鱈魚漁場，來日有關日本近海漁權不得不擔憂會衍生國際上之糾紛。因此，保護獎勵漁民擴張遠洋漁業，並培養帝國的財富來源，可謂急務中的急務。」此外，村田議員在國會上除了說明外國船隻偷捕的情況，也闡述日本漁業的弱點，因此當務之急就是要圖謀改進漁船、船員及漁具漁法。歐美對漁業實行保護獎勵行之有年，以法國為例，該國從1875年起就投入巨額經費於漁民保護獎勵上，因此村田保特別強調《遠洋漁業獎勵法》的必要性。[1]

千葉縣、和歌山縣等地的漁業界亦紛紛提出請願書抗議，稱為「縱帆船」的外國漁船如入無人之境地駛入函館港。而當時日本海軍省亦認知事情的嚴重性，甚至後來還派出磐城艦與葛城艦至北海，取締外國偷捕的船隻。另一方面遞信部此際亦正在實施《航海獎勵法》和《造船獎勵法》，這是清日甲午戰爭後，日本在財政困難的情況下也處於不得不執行這些法律的客觀形勢。村田保提案的同時，水產調查會也提出了類似的建議。最終在這樣的背景之下，《遠洋漁業獎勵法》於明治30年（1897）通過，明治31年（1898）4月1日起生效實施。[2]

不過一開始獎勵效果並不大，這是因為獎勵對象為100噸以上汽船、50噸以上帆船，即使明治32年（1899）《遠洋漁業獎勵法》修

---

[1] 岡本信男，《近代漁業發達史》（東京都：株式會社水產社，1965年），頁67。
[2] 岡本信男，《近代漁業發達史》，頁67-68。

正，改為獎勵對象為50噸以上汽船、30噸以上帆船，效果亦不彰，蓋因當時漁船規模小，漁業者資金也有限，很難全面發展大型漁船。以明治31年至明治35年（1898-1902）5年間接受獎勵的船隻僅有108艘，每年平均不到22艘，獸獵（按：捕殺海獺、海狗）漁船62艘，超過半數，惟對於驅逐外國漁船多少起了一定的作用。這也代表從明治末年以來，遠洋漁業是可被期待，即使108艘漁船真正5年都有在作業的漁船僅有39艘，包括獸獵漁船17艘、捕鯨船5艘、鰹釣漁船2艘、捕鯊漁船6艘、捕目拔漁船9艘。[3]

針對《遠洋漁業獎勵法》獎勵效果不彰，明治38年（1905）《遠洋漁業獎勵法》全文修正，將獎勵金的比例提高，汽船每一噸22圓，帆船18圓，漁獵長72圓，漁獵手36圓，漁夫12圓。然而這次獎勵法的全文修正最主要的成效是使用新式石油發動機的漁船也將受到補助，純馬力每一馬力補助金20圓以內，另有執行漁獵職員制度試驗的漁業者亦可獲得補助金。[4]這對資金較少的漁業者來說，確實是一大福音，漁船動力化成為趨勢。

的確，《遠洋漁業獎勵法》實施的結果使日本遠洋漁業呈逐年增長的趨勢，明治31年（1898）制定《遠洋漁業獎勵法》時遠洋漁船不超過9艘，惟隨著《遠洋漁業獎勵法》的不斷修正，遠洋漁業包括汽船捕鯨業、汽船拖網漁業、鰹釣漁業、鮪延繩漁業、各種母船式漁業、以及其他石油發動機漁業最為顯著的發達。《遠洋漁業獎勵法》制定前，漁撈範圍僅限於沿岸10浬，很少能出漁到30浬。獎勵法施行的結果就是出漁的漁場漸次擴大，以昭和10年（1935）來說，距岸百浬沿海不說，北至白令海、鄂霍次克海、布里斯托爾灣，南到東海、黃海、南海、南洋等地出漁。獎勵法的實施，結果是漁場面積擴大，比獎勵法

3　岡本信男，《近代漁業發達史》，頁69-70。
4　岡本信男，《近代漁業發達史》，頁69-70。

制訂前大十數倍之多。漁獲量亦復如是，大正4年（1915）日本漁獲量11,379,226貫，昭和7年（1932）167,203,428貫，增加13.69倍。[5]

　　明治38年（1905）《遠洋漁業獎勵法》全文修正前的獎勵金預算執行率偏低，明治31年（1898）僅有11.28%，即使明治32年（1899）《遠洋漁業獎勵法》修正，明治35年（1902）略增加至39.49%。惟明治38年（1905）《遠洋漁業獎勵法》全文修正後，獎勵金預算執行率皆達80%至90%以上，甚至昭和8年（1933）獎勵金預算執行率高達116.95%。（詳見表5-1）

表5-1　日本遠洋漁業獎勵費歷年支出額

年別	預算	支出（圓）				預算執行率
		獎勵金	業務補助	其他經費	合計	
1898	74,149	680	－	7,682	8,362	11.28
1902	77,772	22,215	－	8,501	30,716	39.49
1907	128,292	102,008	－	23,049	125,057	97.48
1912	199,761	168,119	－	30,960	199,079	99.66
1916	150,033	81,790	－	38,773	120,563	80.36
1921	294,512	112,468	56,500	109,619	278,587	94.59
1926	337,761	190,850	45,300	71,277	307,427	91.02
1930	254,742	156,903	13,900	58,882	229,685	90.16
1933	231,863	217,954	7,800	45,403	271,157	116.95

說　　明：依據片山房吉，《大日本水產史》（東京都：有明書房，1983年），頁537-538計算而得。

5　片山房吉，《大日本水產史》（東京都：有明書房，1983年），頁536-537，本書完成於昭和12年（1937），特此說明。

二 石油發動機的普及

　　以一艘20至30噸、30人乘坐的石油發動船做粗算，傳統船舶的造船成本約為500至800圓，但對於配備石油發動機的帆船來說，至少是這個數字的5至6倍。惟經濟利益更大，因為它可以減少了划船的勞力，節省漁船往返時間，因此可以增加了捕撈作業時間，從而增加了漁獲。明治36年（1903），日本城ノ腰、御前崎、田子、下田、伊東等地每艘鰹釣漁船的平均漁獲額為3,161圓，但每月出海作業1個月10航次，一航次3天，作業天數1天及2天往返。配備石油發動機的漁船，一航次2天，作業天數1天及1天往返，如此每個月多5天作業，漁獲可增加50%，若1航次3天，2天作業及1天往返，收入將增加100%。[6]

　　如果使用石油發動機漁船，俾利捕撈經濟效益更大，惟製造成本是傳統船舶造船的5至6倍，確實讓資本小的漁業者望而卻步，所幸如同前述明治38年（1905）《遠洋漁業獎勵法》全文修正，其中最主要的成效是使用新式石油發動機的漁船亦可受到補助，純馬力每一馬力補助金20圓以內，這大大鼓舞漁撈業者開始去申請獎勵金，從表5-1遠洋漁業獎勵費歷年支出額的預算執行率即可看出獎勵成效，代表著漁業者願意去使用石油發動機漁船，當然這也讓日本漁獲量呈長期增長之趨勢。

　　其實在大阪和東京河面上的遊輪都已配備了石油發動機，明治36年（1903）3月至7月在大阪舉辦的第五屆日本全國勸業博覽會上，更展出船舶用石油發動機，這已讓蒞臨的漁業者思索著漁船動力化的可能。日本重要漁業株式會社——株式會社林兼商店的創始者中部幾次郎，於明治36年（1903）第一次看到大阪裝備有石油發動機的遊輪，

---

[6] 二野瓶德夫，《日本漁業近代史》（東京都：株式會社平凡社，1999年），頁142。

非常地震撼，遂於明治38年（1905）向大阪的清水鐵工所訂製1艘日本最早配備石油發動機的鮮魚搬運船「新生丸」。惟真正第一艘使用石油發動機進行漁撈作業當屬靜岡縣水產試驗場的試驗船「富士丸」，它成功地進行鰹魚捕撈試驗。富士丸的建造其實亦是明治38年《遠洋漁業獎勵法》全文修正後的獎勵實績（詳後文）。[7]

　　講到漁船用石油發動機，不得不說明石油發動機發展沿革。石油發動機在明治20年代後期，做為當時工業發展中工場的動力來源而被進口，尤其是小工場更是需要，因此至明治30年代石油發動機已急速普及。即使工業用石油發動機與船舶用石油發動機有若干差異，但也讓漁業界思索利用石油發動機的可能性。因此，學習先進的歐洲諸國引進漁船用石油發動機，當中以丹麥與挪威最先進。明治35年（1902）松原新之助在《萬國博覽會與歐美水產趨勢》一書中提到，即使德國、荷蘭、以及英國汽船數量在增加，但據報導仍有相當多的西式（帆船）漁船裝置石油發動機。除了松原新之助，很多水產界的產官學社都主張要引進及自製船舶用石油發動機。尤其如上述當漁業者看到大阪與東京的河面上出現配置石油發動機的遊輪所震撼，再加上明治36年（1903）從3月至7月於大阪舉行的第5屆國內勸業博覽會中所出品的船舶用石油發動機的著迷，對日本漁業者來說配置有石油發動機的小型西式帆船漁船最受矚目。漁業者認為有風時靠風帆，無風時就靠石油發動機，亦能節省成本。農商務省水產講習所所長下啟助認為在大洋中行駛的漁船與河船大異其趣，必須要有相當的馬力，而船體要像西洋帆船那樣，否則不勘使用，承諾儘速提供設計說明。[8]

　　漁船到底要用蒸汽機還是石油發動機？明治31年（1898）所頒布

7　二野瓶德夫，《日本漁業近代史》，頁142-143。
8　岡本信男，《近代漁業發達史》，頁122-123。二野瓶德夫，《日本漁業近代史》，頁139-142。

的《遠洋漁業獎勵法》，為了就是要獎勵遠洋漁業的發展，因此日本農商務省起初打算使用蒸汽機的汽船去擴展近海遠洋漁業版圖，例如在海獺、海狗與捕鯨事業上。但說實在，蒸汽機的使用對於資本小的漁業者根本無力負擔，石油發動機是較好的選擇。

　　漁船石油發動機的選擇，日本一開始是選擇美國聯合燃氣發動機公司的石油發動機（ユニオン式），富士丸即採用這家公司純馬力20的石油發動機。靜岡縣水產試驗場試驗船富士丸，為該試驗場於明治39年（1906）3月由三重縣大湊町市川造船所所建造屬西洋型帆船，長56英尺，寬12英尺6英吋，深6英尺。建造費船體4,804圓90錢，石油發動機3,829圓1錢7厘，雜貨579圓1錢5厘，總計9,212圓93錢2厘。富士丸於6月1日至10月8日，進行首次鰹魚捕撈作業試驗，期間共進行24次捕撈，還不包括人事成本下，仍是呈現赤字，但其歷史意義重大，這是配備石油發動機的漁船開啟了鰹釣漁業之肇端。不過翌年（1907）4月5日至10月29日進行37次的出釣，這次就獲得不錯的報酬，更激起大家對於漁船裝設石油發動機的熱衷。美國製的聯合式石油發動機，操作簡單，在富士丸的成功案例的鼓舞下，關西地區的製造商，例如大阪清水鐵工所與上野鐵工所、以及明石木下鐵工所，開始推進聯合式發動機生產，惟它常發生與電氣點火式相關的故障，再加上做為燃料的煤油成本亦居高不下，因此尋找更適合漁船的石油發動機成為必然。[9]

　　使用輕油點火的ミーズ・エンド・ワイド式開始受到注意，就當時來說輕油的價格只有煤油的三分之一，再加上用火球點火比電氣點火更少故障，雖然一開始火球點火要花比較長時間，相當不便，但只要少故障，對漁民來說採用輕油點火的石油發動機成為必要選擇。當

9　二野瓶德夫，《日本漁業近代史》，頁143-146。

然，如果有更好運轉功能的輕油點火石油發動機出現，相信對於民來說是更大福音，瑞典ホリンダー式石油發動機就滿足漁民的需求。其實，瑞典ホリンダー式發動機很早就輸入，只是一開始沒被人注意。ミーズ・エンド・ワイド式發動機壓縮力每平方英吋是80磅，但瑞典ホリンダー式發動機的壓縮力每平方英吋卻有120磅，並且具有特殊火球形狀，可以使輕油良好地燃燒，以及通過注入清水來冷卻引擎。瑞典ホリンダー式石油發動機的製造商主要在關東地區，最先開始製造的是池貝鐵工所。(146-147)因為瑞典ホリンダー式發動機的優勢，從大正2年至大正8年（1913-1919）日本漁船用石油發動機幾乎都是使用瑞典ホリンダー式石油發動機，使漁船動力化有很大的進展，日後就石油發動機不斷的改良，出現了柴油發動機與無水半柴油發動機，都符合漁民的需求。[10]

　　無水半柴油發動機關西地區製造商，由神戶的日本發動機株式會社、神戶發動機製造所、阪神鐵工所、明石的木下鐵工所帶頭製造。至於柴油發動機，大正8年（1919）由水產局所屬北丸配置50匹馬力的瑞典製ポーラーディーゼル（極地柴油機），用於漁撈試驗，成效很好。大正9年（1920）靜岡縣燒津鰹魚船第二大洋丸（58噸）得到日本政府遠洋漁業獎勵，配備新潟鐵工所製造的100匹馬力柴油發動機。在多年的試驗下，漁民發現柴油發動機運作可靠，修繕成本低，燃料也比無水半柴油發動機便宜不少，於是柴油發動機開始在全日本流行，以昭和2年（1927）的數據來看，採用柴油發動機的漁船達150艘，馬力也增加至200至300馬力，這個數據也可看出日本近海遠洋漁業已更需要更大型的漁船。[11]

---

10 二野瓶德夫，《日本漁業近代史》，頁146-148。岡本信男，《近代漁業發達史》，頁125-126。

11 二野瓶德夫，《日本漁業近代史》，頁148-149。

第二節　臺灣動力化漁船與漁獲量的關係

　　日本漁船的動力化造就日本漁場擴大與漁獲量增加，本節第一小節即先用數量方法，回證在臺灣動力化漁船數與漁獲量存在正相關，再說明日本經驗的移植——動力化漁船在臺灣發展情形。

一　數量方法的驗證

　　日本動力化漁船的增加，隨之帶來的是漁場擴大及漁獲量的增加，那臺灣呢？以往臺灣主要為無動力的木造船（例如舢舨船）與竹筏為主，只能從事沿岸漁業。其實跟日本一樣，如要擴張漁場，增加漁獲量，勢必要往近海與遠洋漁業來發展，而這一發展的必要條件即是漁船的動力化。

　　根據歷年《臺灣總督府統計書》的統計數字，臺灣漁船有機關船、木造船、竹筏3種，機關船屬於動力漁船，可分為蒸汽船與石油發動機船，木造船與竹筏屬於無動力漁船，而木造船依船型來分，又有日本型及中國型之分。臺灣以往所使用的漁船以竹筏或者木造船為主，因此出漁範圍極為狹小，漁業生產率無法明顯提昇。為了改善此種情況，臺灣總督府與地方州廳累年獎勵石油發動機漁船的建造，其結果從大正5年（1916）動力漁船只有46艘，至昭和16年（1941）達到高峰，計有1,509艘。由於動力漁船數目的大增，其漁撈範圍從臺灣近海遠至南海、東京灣、蘇祿海、西里伯斯海、呂宋東海，使漁獲率迅速增加。[12]若以動力漁船數（X）為自變數，漁獲額（Y）為依變數，則其數量關係如下：

12　佐佐木武治編輯，《臺灣水產要覽》（臺北市：臺灣水產會，1940年版），頁109。

$$In(Y) = -1771481 + 19756.83X \quad \text{（式5-1）}$$
$$(7.2094)$$
$$\bar{R}^2 = 0.7082$$

式中：Y為漁獲額

X為動力漁船數

$\bar{R}^2$為修正後判定係數；括弧內數字為 t 統計值

由上式可知，每增加1艘動力漁船數，漁獲額就會增加19,756.83圓。而漁獲額的變動，則有70.82%是受到動力漁船數的影響。日治時期漁業的顯著成長，和動力化漁船的發展有相當大的關聯，今至少已利用迴歸分析證明它們之間有70.82%的高度關聯性。

若自變數 X 改為動力漁船馬力數，則其與漁獲額之間的數量關係為：每增加1馬力數，漁獲額就會增加471.20圓。而漁獲額的變動，則有73.74%是受到動力化漁船馬力數的影響。[13]

表5-2　日治時期臺灣漁船種類及其數量

年別	動力漁船（艘）				無動力漁船（艘）					漁船總數（艘）
	蒸汽機關	發動機關	計	馬力	木造船			竹筏	計	
					日本型	中國型	計			
1896	—	—	—	—	—	—	2,591	3,515	6,106	6,106
1899	—	—	—	—	—	—	3,113	3,894	7,007	7,007
1900	—	—	—	—	—	—	3,007	3,784	6,791	6,791
1901	—	—	—	—	—	—	3,612	3,963	7,575	7,575
1902	—	—	—	—	—	—	3,415	4,413	7,828	7,828
1903	—	—	—	—	—	—	3,390	4,695	8,085	8,085

---

13 依據表5-2與表5-3計算而得。參見王俊昌，〈日治時期臺灣水產業之研究〉，嘉義縣：國立中正大學歷史學系博士論文，2006年，頁117-118。

年別	動力漁船（艘）				無動力漁船（艘）				漁船總數（艘）
	蒸汽機關	發動機關	計	馬力	木造船			竹筏	計
					日本型	中國型	計		
1904	—	—	—	—	—	—	3,017	4,870	7,887	7,887
1905	—	—	—	—	—	—	3,252	5,106	8,358	8,358
1906	—	—	—	—	—	—	3,640	5,963	9,603	9,603
1907	—	—	—	—	—	—	3,713	5,795	9,508	9,508
1908	—	—	—	—	—	—	3,694	5,986	9,680	9,680
1909	—	—	—	—	—	—	3,559	6,456	10,015	10,015
1910	—	—	—	—	—	—	4,054	5,700	9,754	9,754
1911	—	—	—	—	—	—	4,035	5,792	9,827	9,827
1912	—	—	—	—	—	—	3,938	5,513	9,451	9,451
1913	—	—	—	—	—	—	3,952	5,528	9,480	9,480
1914	—	—	—	—	—	—	3,777	5,599	9,376	9,376
1915	—	—	—	—	—	—	3,827	5,433	9,260	9,260
1916	—	—	46	—	—	—	3,800	5,417	9,217	9,263
1917	—	—	80	—	—	—	3,883	5,219	9,102	9,182
1918	—	—	125	—	—	—	3,853	4,879	8,732	8,857
1919	—	—	129	—	—	—	3,744	4,865	8,609	8,738
1920	—	—	160	—	—	—	4,024	4,435	8,459	8,619
1921	—	—	157	—	—	—	3,893	4,920	8,813	8,970
1922	4	170	174	5,042	363	3,551	3,914	5,282	9,196	9,370
1923	3	245	248	6,083	447	3,703	4,150	5,566	9,716	9,964
1924	3	388	391	8,176	520	3,865	4,385	6,301	10,686	11,077
1925	2	496	498	9,256	510	3,815	4,325	6,365	10,690	11,188
1926	2	543	545	16,164	308	3,491	3,799	6,565	10,364	10,909
1927	2	559	561	17,618	256	3,795	4,051	6,373	10,424	10,985
1928	6	672	678	23,984	247	3,783	4,030	6,637	10,667	11,345

年別	動力漁船（艘）蒸汽機關	動力漁船（艘）發動機關	動力漁船（艘）計	動力漁船（艘）馬力	無動力漁船（艘）木造船 日本型	無動力漁船（艘）木造船 中國型	無動力漁船（艘）木造船 計	無動力漁船（艘）竹筏	無動力漁船（艘）計	漁船總數（艘）
1929	6	813	819	27,005	202	3,889	4,091	6,579	10,670	11,489
1930	6	841	847	27,678	184	3,606	3,790	6,593	10,383	11,230
1931	3	823	826	26,379	184	3,384	3,568	6,342	9,910	10,736
1932	4	814	818	26,682	181	3,521	3,702	5,951	9,653	10,471
1933	4	846	850	28,048	174	3,283	3,457	5,558	9,015	9,865
1934	4	844	848	28,825	180	3,339	3,519	5,849	9,368	10,216
1935	4	901	905	26,460	231	3,816	4,047	5,122	9,169	10,074
1936	4	1,078	1,082	33,788	204	3,920	4,124	5,142	9,266	10,348
1937	8	1,045	1,053	36,560	138	3,939	4,077	5,279	9,356	10,409
1938	8	1,186	1,194	47,584	141	3,875	4,016	5,303	9,319	10,513
1939	8	1,349	1,357	52,945	135	3,649	3,784	5,990	9,774	11,131
1940	8	1,471	1,479	57,078	198	3,790	3,988	5,755	9,743	11,222
1941	8	1,501	1,509	57,781	347	3,975	4,322	7,197	11,519	13,028
1942	8	1,487	1,495	56,157	673	4,834	5,507	7,744	13,251	14,746
1943	8	1,419	1,427	53,550	493	5,088	5,581	8,886	14,467	15,894

資料來源：《臺灣總督府統計書》，各年度。

表5-3　1902-1943年漁撈業漁獲額產值

年別	產值（圓）	年別	產值（圓）	年別	產值（圓）
1902	538,010	1916	2,102,796	1930	11,771,144
1903	586,085	1917	2,426,388	1931	8,482,776
1904	677,557	1918	3,988,283	1932	9,197,468
1905	650,647	1919	5,057,969	1933	10,806,670
1906	717,187	1920	5,513,121	1934	11,452,341

年別	產值（圓）	年別	產值（圓）	年別	產值（圓）
1907	787,212	1921	5,943,217	1935	13,639,945
1908	902,355	1922	5,988,097	1936	14,934,405
1909	775,529	1923	9,030,651	1937	14,513,106
1910	915,483	1924	9,193,036	1938	15,670,812
1911	964,720	1925	10,031,417	1939	25,183,328
1912	1,013,547	1926	10,225,692	1940	38,894,399
1913	1,551,995	1927	10,822,119	1941	37,195,679
1914	1,662,656	1928	12,670,180	1942	31,607,452
1915	1,561,217	1929	14,446,265	1943	22,583,411

說　明：明治33年（1900）以前的資料缺少臺東廳部份；明治31年（1898）的統計資料是從該年7月1日至明治32年（1899）6月30日的資料，而明治32年之資料僅為該年下半年的資料；此外，明治35年（1902）以前亦缺少水產養殖資料，所以本表從1902年開始計算起。

資料來源：依據《臺灣總督府統計書》各年度、以及《臺灣水產統計》各年度計算而得。

二　日本經驗的移植——動力化漁船

雖然《臺灣總督府統計書》要到大正5年（1916）才有動力化漁船的統計數字，但其實在臺灣早已另有動力化漁船的出現。明治42年（1909）9月日本農商務省技師下談在說明臺灣水產發展概況時，提到：「臺灣東部沿海據說有豐富的真鰹，因此可新造一、二艘石油發動機漁船探尋漁場及漁獲試驗。並進一步說明使用石油發動機漁船的優點：（一）在無風或逆風的情況下，仍能自由地追逐魚群；（二）漁獲物能迅速搬運至市場，可以高價提供新鮮漁獲；（三）可以減省漁夫勞力。此際日本靜岡縣有130餘艘從事鰹漁業的石油發動機漁船，都獲得相當不錯的收益，最好的成績是年1年30,000圓以上的漁獲。農商

務省以遠洋漁業獎勵費對於新造船給予1噸30圓內獎勵金、1馬力20圓內的補助金，此類獎勵費每年快速增加。而臺灣的石油發動機漁船當下也在基隆、宜蘭、澎湖、火燒島（按：今綠島）附近等地開拓漁場，漁撈洄游魚類、底棲魚及磯魚。」[14]

從下談技師的談話，我們可以清楚瞭解到遠洋漁業獎勵讓漁場擴張及漁獲量大增此一「日本經驗」的成效。而且在臺灣總督府獎勵動力化漁船之前，下談的意見中應建造石油發動機水產試驗船，這即是後來明治43年度（1910）所落實的臺灣總督府水產試驗船凌海丸（詳見後）。此際也已有漁業者使用石油發動機漁船在基隆、宜蘭、澎湖、綠島附近等地進行漁撈作業，惟這應指的是來臺漁撈的日本漁業者才是。更有甚者，還有至東港漁撈的日本漁民將4艘日本型漁船讓授予當地臺灣人，因為當地臺灣人瞭解到石油發動機漁船比竹筏漁撈範圍更廣，漁業經濟效益更大。[15]

除了建造凌海丸外，臺灣總督府殖產局為了要調查澎湖島及其南部海面漁場與水產試驗，明治44年至45年之際（1911-1912）特命基隆山村造船所新造肩1丈日本型漁船1艘，附設石油發動機，該發動機係由東京池貝鐵工所製造，明治35年（1902）3月已裝置告竣，日內即委託石井囑託，乘該船回航澎湖進行水產調查。[16]

此一遠洋漁業獎勵讓漁場擴張及漁獲量大增的的「日本經驗」，臺灣公私部門都瞭解其重要性。而明治43年（1910）可謂日治時期臺灣水產業發展史的重要一年，該年出現獨立的水產行政機關──民政

---

14 〈臺灣の水產（二）石油發動機付漁船〉，《臺灣日日新報》，第3412號，1909年9月11日，3版。

15 〈臺灣の水產（二）漁船漁具の改良〉，《臺灣日日新報》，第3412號，1909年9月11日，3版。

16 〈水產試驗船新造〉，《臺灣日日新報》，第4244號，1912年3月24日，2版。〈造水產試驗船〉，《臺灣日日新報》，第4245號，1912年3月25日，3版。

部殖產局商工課水產股,該年起臺灣總督府開始編列水產試驗費、水產調查費及獎勵費之國庫預算,該年臺灣總督府正式建造水產試驗船凌海丸,從事漁業試驗與調查。若以以明治43年(1910)做為臺灣水產業發展轉捩點之年,利用 North 的「制度分析法」,以虛擬變數(D_t)來檢驗其對水產總產值(Y)的影響,在迴歸分析後,得出其之間關係如下:

$$In(Y)=14.1453+2.1561Dt \qquad (式5\text{-}2)$$
$$(6.3953)$$
$$\overline{R}^2=0.4932$$

式中:Y為水產總產值

D_t為虛擬變數,$D_{1902\text{-}1909}=0$,$D_{1910\text{-}1943}=1$

$\overline{R}^2$為修正後判定係數;括弧內數字為 t 統計值

從上式可知,自明治35年至昭和18年(1902-1943),臺灣水產總產值有49.32%受到明治43年(1910)相關水產政策與施設的影響。[17]

其中與遠洋漁業獎勵有關的水產政策,當屬明治43年(1910)起臺灣總督府開始編列水產試驗、調查及獎勵費之國庫預算為最重要(詳如下表)。

表5-4　臺灣總督府歷年水產試驗、調查與獎勵費

年別	預算科目	預算額(圓)	年別	預算科目	預算額(圓)
1910	水產試驗費	43,000	1929	水產試驗及獎勵費	179,927
1918	水產試驗及調查費	54,653	1930	水產試驗及獎勵費	179,927
1919	水產試驗及調查費	76,106	1931	水產試驗及獎勵費	241,459

---

17 參見王俊昌,〈日治時期臺灣水產業之研究〉,頁37-38。

年別	預算科目	預算額（圓）	年別	預算科目	預算額（圓）
1920	水產試驗及調查費	126,233	1932	水產試驗及獎勵費	241,459
1921	水產試驗及調查費	196,901	1933	水產試驗及獎勵費	251,254
1922	水產試驗及調查費	124,927	1934	水產試驗及獎勵費	239,195
1923	水產試驗及調查費	150,293	1935	水產試驗及獎勵費	258,295
1924	水產試驗及調查費	150,293	1936	水產試驗及獎勵費	336,880
1925	水產試驗及調查費	123,032	1937	水產試驗及獎勵費	431,235
1926	水產試驗及獎勵費	188,624	1938	水產試驗及獎勵費	717,736
1927	水產試驗及獎勵費	194,776	1939	水產試驗及獎勵費	592,288
1928	水產試驗及獎勵費	194,776	1940	水產試驗及獎勵費	564,285

資料來源：臺灣總督府，《臺灣總督府事務成績提要》，各年度。

臺灣總督府做為表率，即以明治43年度（1910）漁業獎勵費建造水產試驗船凌海丸為模範漁船。凌海丸係在橫濱森田造船所建造的石油發動機漁船，當時委託日本農商務省技師下談協助，由大日本水產會設計，ケツチ型（按：屬西式橫帆船），總噸數40噸（按：原要打造80噸），補助機關是桑港ユニオン會社製造的ユニオン式，與靜岡縣水產試驗場試驗船富士丸同型同式，引力57馬力，速力達7海浬以上，長60尺寬18尺高7尺6寸，造價15,500百圓，工事5月1日開始，7月23日舉行進水儀式，8月15日竣工，8月27日試運轉，至8月29日總督府吏員在日本辦理接收手續，9月中旬凌海丸回航基隆。凌海丸將於夏季至基隆地方及東海岸漁撈，冬季則回航南部，於臺南、阿緱兩廳沿海進行漁撈，以鰆流網、鱵流網、鮪延繩、鱵延繩、底曳網及小網漁撈試驗，做為漁業者模範。[18]

---

18 〈新造漁船到著期〉，《臺灣日日新報》，第3661號，1910年7月10日，3版。〈漁艇將到〉，《漢文臺灣日日新報》，第3662號，1910年7月12日，3版。〈漁船凌海丸來著

與凌海丸同時的基隆基彭興產合資會社石油發動機漁船「基興丸」，仿效靜岡縣御前崎地方所用漁船建造。以往漁業者有排斥西洋型漁船，不過就理論上來說，近海尤其遠洋漁業以西洋型漁船為優，這亦是總督府建造凌海丸採用ケッチ型ユニオン式的原因，此種漁船要真正從事臺灣漁業後才知是否適合。[19]此外，個人計畫上，基隆吉川某氏亦建造1艘20噸的帆船，其目的亦是以彭佳嶼為中心，從事松魚漁業。[20]

　　不過說到彭佳嶼之漁業，向來由明治38年（1905）創立於基隆的基彭興產會社所經營。然而該島風浪險惡，漁船出入甚為困難，明治43年（1910）由總督府補助2,000圓設置繫船場，惟規模過小，運搬船繫留後幾乎沒有再繫留其他漁船的空間，因此提出6,090圓之經費預算，新設石油發動機漁船，亦可搬運漁類。對此，總督府補助2,500圓。[21]此一石油發動機漁船即是基興丸，屬於日本型與西洋型綜合的漁船，19噸，發動機25馬力，速力7海浬，是向日本日向油津造船所訂造，發動機是東京池貝鐵工所製作。從該年（1910）6月以來至9月初，基興丸已捕獲近2萬尾的真鰹，可謂大成功，基興丸成為該會社經營基隆漁業的重要利器，也為該地方展開新的局面。[22]

　　期〉，《臺灣日日新報》，第3690號，1910年8月13日，2版。〈新漁船成〉，《漢文臺灣日日新報》，第3693號，1910年8月17日，3版。〈水產獎勵〉，《漢文臺灣日日新報》，第3696號，1910年8月20日，3版。〈漁船凌海丸の竣工〉，《臺灣日日新報》，第3704號，1910年8月30日，3版。〈石油發動漁業船〉，《臺灣日日新報》，第3715號，1910年9月10日，3版。

19 〈漁船形式の優劣〉，《臺灣日日新報》，第3696號，1910年8月20日，3版。〈漁船優劣〉，《漢文臺灣日日新報》，第3697號，1910年8月21日，3版。

20 〈本年の水產業〉，《臺灣日日新報》，第3547號，1910年2月25日，4版。〈本年水產〉，《漢文臺灣日日新報》，第3548號，1910年2月26日，3版。

21 〈彭佳漁業〉，《臺灣日日新報》，第3572號，1910年3月27日，3版。

22 〈石油發動漁船の回航〉，《臺灣日日新報》，第3603號，1910年5月3日，4版。〈新

基隆石油發動機漁船漁撈成績不錯，尤其基興丸，畢竟基隆是北臺灣漁業重鎮。基隆、金包里、卯澳等地臺灣人漁業者建造石油發動機漁船已呈趨勢，但漁業區域僅是同地沖合14、15海浬至23、24海浬之間的黑潮流域，漁獲大多是真鰹，漁業區域必須擴大以呼應石油發動機漁船增加的趨勢。[23]

　　日本動力化漁船帶來的漁場擴大與漁獲量大幅增加這一「日本經驗」，對於臺灣漁業者來說是非常清楚的，他們也想快速跟進，使其漁船動力化。上述由於基彭興產會社使用石油發動機漁船成績相當不錯，再加上漁船獎勵，因此無論在臺日本人或臺灣人或組織會社，或招集股份，以新造石油發動機漁船。[24]

　　例如臺灣水產株式會社明治44年（1911）3月創立，經營項目包括魚市場、石花菜採集、鰹節製造及鰹漁業、一般漁船等。大正4年（1915）還發展拖網汽船業及流網漁業。[25]此外，明治45年（1912）6月以資本額500,000圓創立的臺灣漁業株式會社，向長崎三菱造船所訂造拖網漁船第二丸，大正2年（1913）9月因定期檢查準備修繕之故，得回航長崎三菱造船所，月底歸航繼續從事漁撈。[26]

　　在日本製造的動力化漁船必須回日本定期檢查，相對壓縮作業時間，不符經濟效益，再加上臺灣漁業株式會社為擴張業務，遂以基隆為根據地，開始發展石油發動機船漁業。大正7年（1918）9月在基隆

　　式漁船〉，《漢文臺灣日日新報》，第3604號，1910年5月4日，3版。〈石油發動漁業船〉，《臺灣日日新報》，第3715號，1910年9月10日，3版。

23　〈新造漁船と漁業區域〉，《臺灣日日新報》，第3715號，1910年9月11日，3版。

24　〈中北部之漁業〉，《漢文臺灣日日新報》，第3743號，1910年10月15日，2版。〈基隆の水產業團體〉，《臺灣日日新報》，第3756號，1910年11月2日，3版。〈基隆水產團體〉，《漢文臺灣日日新報》，第3758號，1910年11月5日，2版。

25　橋本白水，《評論臺灣之事業》（臺北市：臺灣出版社，1920年），頁182。

26　〈トロール第二丸〉，《臺灣日日新報》，第4769號，1913年9月15日，1版。（172）

山村造船所新造的「彌生丸」為30匹馬力20噸的倣西洋型漁船（附西洋型發動機），試駛後成績良好，當時臺灣計有3艘西洋型漁船，彌生丸則為臺灣西洋型漁船建造之嚆矢。[27]

大正6年（1917）11月以資本額300,000圓成立的南部臺灣海產株式會社，其最初著手的是打狗至安平的鯔魚與鰹魚巾著網漁業，北部則以基隆為基地，也因此南部臺灣海產株式會社成立的同時，即在基隆成立支店，並於21日基隆日本亭宴請官民。在基隆為從事東北海域的鰹漁業，該會社特別新造漁船，由基隆山村造船所新造50馬力、30馬力各1艘以及12馬力2艘之石油發動機漁船，發動機則來自東京池貝鐵工所製造，其中南陽丸於大正7年（1917）1月22日下水進行運轉。[28]

除了會社外，基隆仙洞庄漁民以往用舊法捕魚，深受石油發動機漁船的刺激，因此明治43年（1910）11月該庄漁民計畫投資計5,500圓資金（按：申請當局補助2,500圓），要建造日本型石油發動機漁船，從事鰹漁業，載量150石。翌年（1911）該新漁船由臺灣總督府水產當局設計，肩1丈日本型漁船，機關由大阪鐵工所製造，並已與高知縣下僱定漁夫，臺灣漁民造石油發動機漁船以該地為嚆矢。[29]

依據表5-2，大正5年（1916）臺灣動力化漁船數已達46艘，至昭和18年（1943）1,419艘，動力化漁船增加30.02倍。動力化漁船於昭和3年（1927）12月末的隻數676艘，船籍港以臺北州最多，達400艘，高

---

27 〈漁船の新創造〉，《臺灣日日新報》，第6190號，1917年9月20日，2版。〈新造漁船〉，《臺灣日日新報》，第6192號，1917年9月22日，5版。

28 〈南部海產事業〉，《臺灣日日新報》，第6251號，1917年11月20日，2版。橋本白水，《評論臺灣之事業》，頁186。〈地方近事　基隆　南陽丸試運轉〉，《臺灣日日新報》，第6317號，1918年1月25日，4版。

29 〈仙洞漁民之新計畫〉，《漢文臺灣日日新報》，第3761號，1910年11月8日，2版。〈本島人の新造漁船〉，《臺灣日日新報》，第3945號，1911年5月18日，5版。〈本島人の新造漁船〉，《漢文臺灣日日新報》，第3946號，1911年5月19日，2版。

雄州其次172艘（按：高雄123艘），澎湖廳46艘，新竹州26艘，臺南州22艘，臺東廳8艘，臺中州僅有2艘。臺北州400艘中，以基隆為船籍港最多，計有321艘，為全臺之冠，蘇澳67艘，淡水僅是12艘。[30]

至昭和5年（1930）5月底動力化漁船隻數已達834艘，船籍港仍以臺北州最多，達456艘，高雄州其次227艘（按：高雄167艘），澎湖廳80艘，臺南州32艘，新竹州26艘，臺東廳10艘，臺中州僅有3艘。臺北州456艘中，以基隆為船籍港最多，計有347艘，為全臺之冠，蘇澳100艘，淡水僅是9艘。綜上所述，顯見基隆一直以來是動力化漁船成績最亮眼的地方。[31]

第三節　臺灣動力化漁船造船業的發展

一　動力化漁船修造船業

漁撈業最重要的生產工具即是漁船，而隨著臺灣水產業的逐漸發展，漁船的需求量相對增加，修造船場的設置乃成為必要。以往動力化漁船必須遠至日本訂造保養，如前述臺灣漁業株式會社所屬拖網漁船第二丸是長崎三菱造船所製造，保養也得回長崎，相當不便。但隨著臺灣修造船業的興起，實已無必要。例如大正9年（1920）出版的《臺灣之水產》即云：「以往鰹釣漁船大多在四國、九州方面建造，今有轉向基隆建造的趨勢。」[32]當然此記載也說明基隆在此之前即已

---

30 臺灣水產會編，〈昭和三年十二月末現在臺灣在籍發動機附漁船々名錄〉，《臺灣水產雜誌》第158號（1929年3月），附錄頁1-38。
31 臺灣水產會編，〈昭和五年五月末臺灣發動機附漁船々名錄〉，《臺灣水產雜誌》第175號（1930年8月），附錄頁1-46。
32 臺灣總督府殖產局，《臺灣之水產》（臺北市：臺灣總督府，1920年），頁15。

有造船工場，而且造船品質有一定的水準，才有可能「今有轉向基隆建造的趨勢」。

例如創立於明治33年（1900）2月場址設在基隆三沙灣的合資會社山村造船鐵工所（按：通稱山村造船所，從歷年《工場名簿》來看，山村造船所可說是臺灣第一間民營造船工場），如前述所述臺灣總督府殖產局為了要調查澎湖島及其南部海面漁場與水產試驗，明治44年至45年之際（1911-1912）特命基隆山村造船所新造肩1丈日本型石油發動機漁船1艘。此外，南部海產會社同樣委託基隆山村造船所建造5艘新銳發動汽船，其中4艘於大正7年（1918）1月10日舉行進水儀式，該批船隻是曾擔任過殖產局所屬凌海丸監督，無論在航海術、漁撈術有多年經驗的安達誠三基隆支店長所設計的新型漁船，安達誠三亦親自監督造船。其中南陽丸於同月22日由同樣具有船長資格的安達基隆支店長於基隆港內試驗速力，成績良好。由於該批船隻性能相當不錯，獲得基隆漁業者間相當大的興趣。[33]

臺灣相關漁船造船工場的概況，我們可以由昭和6年（1931）起歷年所出版的《工場名簿》來進一步瞭解。昭和6年出版的《工場名簿》係說明昭和4年（1929）末的造船工場概況（詳見表5-5）：該年計有23間修造船場，基隆市13間，高雄市6間，蘇澳3間，臺南市1間，總職工數543位，當中以基隆船渠株式會社職工數最多，達254位，規模亦最大。

---

33 〈地方近事　基隆〉，《臺灣日日新報》，第6301號，1918年1月9日，4版。〈地方近事　基隆　南陽丸試運轉〉，《臺灣日日新報》，第6317號，1918年1月25日，4版。

表5-5　1929年臺灣有關漁船修造船場概況

名稱	所在地	事業主	主要營業項目	職工數（人）	事業開始年月
基隆船渠株式會社	基隆市牛稠港	代表者：近藤時五郎	船舶製造及修理	254	1920.10
基隆造船鐵工所	基隆市田寮港	岡本德太郎	汽船修理、石油發動機修理	16	1924.08
臺灣倉庫株式會社船舶工場	基隆市基隆	代表者：三卷俊夫	團平船修理	4	1920.11
山村造船鐵工所	基隆三沙灣	山村為平	發動機船	16	1900.02
垰造船所	基隆市社寮（八尺門）	垰數登	發動機船船舶修理	11	1922.01
荒本造船所	基隆市社寮（八尺門）	荒本孝三郎	發動機船、團平船、船舶修理	14	1917.10
名田造船所	基隆市社寮（八尺門）	名田為吉	發動機船、團平船、船舶修理	10	1923.04
辻造船所	基隆市社寮（八尺門）	辻藤藏	艀、船舶修理	5	1917.10
大內造船所	基隆市社寮（八尺門）	大內十郎	團平船	5	1927.01
岡崎造船鐵工所	基隆市社寮（社寮島）	岡崎榮太郎	發動機船、船舶修理	14	1922.01
久野造船所	基隆市社寮（社寮島）	久野佐八	團平船、發動機船	12	1921.01
垰友太郎造船所	基隆市社寮（社寮島）	垰友太郎	發動機船	15	1927.06

名稱	所在地	事業主	主要營業項目	職工數（人）	事業開始年月
山本造船所	基隆市社寮（社寮島）	由本喜代次郎	發動機船	10	1929.04
福島造船所	蘇澳郡蘇澳庄	福島松枝	石油發動機船	4	1927.12
蘇澳岡崎造船所分工場	蘇澳郡蘇澳庄	岡崎榮太郎	石油發動機船	3	1925.01
蘇澳名田造船分工場	蘇澳郡蘇澳庄	高畑源吾	石油發動機船	3	1927.11
臺南造船所	臺南市田町	山口萬次郎	石油發動機船	5	1928.06
龜澤造船所	高雄市哨船町	龜澤松太郎	石油發動機船、諸船舶修理	27	1913.03
光井造船工場	高雄市入船町	光井寬一	石油發動機船、團平船	14	1928.04
富重造船鐵工所	高雄市平和町	富重年一	團平船修理	63	1919.04
臺灣倉庫株式會社船舶工場	高雄市入船町	代表者三卷俊夫	石油發動機船	16	1921.11
廣島造船工場	高雄市旗後町	高垣阪次	石油發動機船	7	1924.05
振豐造船鐵工場	高雄市旗後町	曾張	石油發動機船、諸船舶修理	15	1928.02

說　明：1.以上工場為擁有動力或是常時由5人以上職工使用設備的工場，或是常時雇用5人以上職工之工場。2.團平船也常被當做漁船使用。3.職工皆為男性。
資料來源：臺灣總督府殖產局，《工場名簿（昭和四年）》（臺北市：該局，1931年），頁10-16。

在此也進一步說明基隆船渠株式會對動力化漁船的貢獻：日治時

期臺灣修造船場始於基隆港第一期築港工程中,是建於明治33年（1900）的火號庄修船工場,該工場設置工事共有二階段,第一階段工事同年8月1日起工,明治35年（1902）3月31日竣工,第二階段工事同年5月2日興工,明治36年（1903）3月31日完工。第一期築港工程期間除了火號庄修船工場之外,另興建球仔修船工場,該工場建於明治35年（1902）5月5日,明治36年（1903）2月9日竣工,二修造船工場當時皆為官營修船工場。[34]火號庄修船工場後貸予明治32年（1899）成立於仙洞外港的大阪鐵工所基隆分工場使用。大正4年（1915）大阪鐵工所基隆分工場讓受木村久太郎,改稱為木村組鐵工所,大正8年（1919）改制為「基隆船渠株式會社」,翌年（1920）完成船渠與曳揚船臺。[35]以船渠及造船業、機械製造、修繕、製鐵、金屬材料販賣、海運及其附帶事業為經營範疇,昭和12年（1937）6月1日改組為「臺灣船渠株式會社」。[36]

關於基隆船渠株式會社的業務狀況,若以該會社營業報告書為基礎,可分為造船、修船、以及製機三部分。造船事業以小型的汽艇、自動艇、小蒸汽船、水產指導船和水產試驗船為主,訂戶主要為臺灣總督府試驗所及下屬單位、州廳、稅關等機關。[37]

基隆船渠株式會社的修造船之規模,至大正9年（1920）11月來說,當時該會社4千噸級船渠目下有浚渫船新竹號、曳船高砂六號、小型浚渫船1艘,合計3艘同時入渠修繕,並正興建200噸級的曳揚船渠3座,完工後可同時曳揚2百噸左右的船舶修繕,若是發動機漁船則

---

34 臨時臺灣總督府工事部,《基隆築港誌》（臺北：該部,1916年）,頁970-971、975-976。

35 中島新一郎,《基隆市案內》（基隆市：基隆市役所,1930年）,頁105-106。

36 洪紹洋,《近代臺灣造船業的技術轉移與學習》（臺北市：遠流出版事業公司,2011年）,頁55-56。

37 洪紹洋,《近代臺灣造船業的技術轉移與學習》,頁46。

是一座船渠平均可以容納2艘，合計6艘。船渠若再加上仙洞工場2千噸級曳揚船渠，則大小船渠共計有5座，已成其他造船業者之大敵，這一點無庸置疑且值得重視的事實。[38]

以石油發動機漁船製造來說，同時進行6艘漁船的製造是沒有問題。基隆船渠株式會社的造船事業訂單，部分來自地方州廳的漁業政策。大正11年（1922）臺北州廳為圖開發近海漁業，即向基隆船渠株式會社，建造試驗船北丸，同時於淡水新設水產試業所，在該港從事漁撈及行養殖試驗。其實，淡水本就有漁業價值，惟其至基隆方面盛出漁稼，該地全置於閑散，此地方魚類，如真鯛、鰤、鮪、鱲等，每年均有相當漁獲，此後若大開發漁業，即目下殆無之發動機船。要之試業所既設，淡水方面之漁業，應漸見面目一新。[39]的確，從前述昭和3年（1928）12月末的動力化漁船，淡水已增加至12艘。

花蓮港廳認為花蓮港以往魚類之全部消費都要從基隆及其他地方輸入，因此為了要開發東部的水產，勢必得先建造水產試驗船，進行各種水產試驗，做為當地漁民示範的方針。同樣於大正11年度（1922）的預算編列水產試驗船的建造費，向基隆船渠株式會社訂製水產試驗船，長40間、寬7尺、深3尺5寸，機械是プロペラ（按：螺旋槳）上下裝置8馬力的發動機漁船，10月竣工，擔負起在花蓮港進行各種漁業試驗。[40]

隔年大正12年（1923）臺南州勸業課亦為謀水產發展，同樣向基隆船渠株式會社訂造1艘水產試驗船，其噸數按30馬力，10月底完

---

38 〈大小五船渠　を有する船渠會社　造船業者の大敵〉，《臺灣日日新報》，第7350號，1920年11月23日，2版。

39 〈近海漁業開發　臺北州の新計畫〉，《臺灣日日新報》，第8059號，1922年11月2日，2版。〈開發近海漁業〉，《臺灣日日新報》，第8060號，1922年11月3日，5版。

40 〈花蓮港試驗船　基隆船渠の註文〉，《臺灣日日新報》，第7986號，1922年8月21日，2版。

工，11月初在安平、鹿耳門、四鯤鯓等地試行漁撈作業。[41]至昭和12年5月末，臺南州已有16艘石油發動機漁船。[42]

除了公部門機關向基隆船渠株式會社訂造漁船外，民間水產企業亦是如此，尤其鐵製漁船被認為優於木造漁船之際。例如日本靜岡、下關漁業者建造鐵製發動機漁船，其堅固耐久的優點甚於木造船，在鐵價便宜的條件下，鐵製造船也相對便宜，因此臺灣水產業者亦希冀能製造鐵製發動機漁船。大正12年（1923）頃，基隆船渠株式會社即幫水產會社建造1艘鐵製發動機漁船。該船船體長80尺，寬12尺8寸，深6尺8寸，鐵板厚度2公分至3公分，積載能力50噸，65馬力，速力10浬半，各室設防水壁遮斷，也有空氣容器設備，使遭逢意外時可免於沉沒。木造漁船建造費7,500圓，鐵製雖要價11,000圓，但保存年限木造僅6年，但鐵製可達20餘年，幾乎增加3倍年限，利益之差高下立判。而且木製漁船常要修繕，鐵製漁船船體只要重新噴漆即可，否則很少需要維修。[43]

其實，基隆船渠株式會社所造的第一艘鐵船是港務專用的鐵製拖船海王丸，90噸，長86尺，寬18尺，深11尺，350馬力，能拖6,000噸級以上的巨船入港，海王丸於大正10年（1921）8月20日上午10時30分舉行下水儀式。[44]

《臺灣日日新報》提到若鐵製漁船漁撈成績亮眼，將來之建造漁

---

41 〈赤崁特訊 籌造船隻〉，《臺灣日日新報》，第8363號，1923年9月2日，5版。
42 臺灣水產會，《昭和十二年五月末現在臺灣に於ける動力付漁船々名錄》（臺北市：該水產會，1937年），頁31-32。
43 〈鋼製發動機漁船 建造費は高いが 保有年數が長い〉，《臺灣日日新報》，第8124號，1923年1月6日，2版。〈鐵造漁船〉，《臺灣日日新報》，第8126號，1923年1月8日，4版。
44 〈海王丸の進水式 本島で初めて出來た 鐵船タグボート〉，《臺灣日日新報》，第7621號，1921年8月21日，7版。

船必見一番革命。[45]的確，從昭和12年（1937）5月底臺灣動力漁船船名錄來看，以日本水產株式會社船籍港在基隆的漁船皆屬於鐵製漁船，從事汽船拖網漁業及一組二艘曳機船底曳網漁業。[46]

　　表5-6為日治時期臺灣修造船工場數及其規模，無論在工場數及其規模來說，呈增長趨勢。昭和4年（1929），全臺修造船場，計有23間，職工數有543位。昭和10年（1935），修造船場數雖僅增加至29間，惟職工數則擴增至752名，增加38.49%。擁有較大規模修造船場之事業主，幾為日籍人士，臺籍事業主僅有高雄市曾強「振豐造船工場」與許媽成「金義成造船工場」及澎湖林雲「澎湖鐵工所」、藍鋠鈐「耀金鐵工所」、藍木「藍木鐵工所」。至昭和13年（1938），修造船場數為35間，職工數1,050名，皆達最高峰。

表5-6　1929-1940年臺灣有關漁船修造船場概況

年別	超過100人	51-100人	50人以下	職工合計	工場數
1929	1	1	21	543	23
1930	1	1	21	423	23
1931	1	0	23	419	24
1932	1	0	22	406	23
1934	1	1	23	503	25
1935	2	0	27	752	29
1936	2	0	23	704	25
1937	1	1	28	778	30

---

45 〈鋼製發動機漁船　建造費は高いが　保有年數が長い〉，《臺灣日日新報》，第8124號，1923年1月6日，2版。〈鐵造漁船〉，《臺灣日日新報》，第8126號，1923年1月8日，4版。

46 臺灣水產會，《昭和十二年五月末現在臺灣に於ける動力付漁船々名錄》，頁1-2。

年別	超過100人	51-100人	50人以下	職工合計	工場數
1938	1	3	31	1,050	35
1939	—	—	—	—	32
1940	—	—	—	—	31

說　　明：1933年無出版資料；「-」代表無資料。
資料來源：臺灣總督府殖產局,《工場名簿》,各年度。

表5-7　1935年臺灣有關漁船修造船場概況

名稱	所在地	事業主	營業項目	職工數	事業開始年月
基隆船渠株式會社	基隆市大正町	代表者：近江時五郎	船舶製造及修理	354	1919.06
米滿鐵工所	基隆市入船町	米滿喜市	造船	27	1917.03
名田造船所	基隆市濱町	名田為吉	造船及修理	16	1923.04
河島造船所	基隆市濱町	河島繁市	造船及修理	3	1926.01
井手本造船所	基隆市濱町	井手本マキ	造船及修理	4	1931.11
大內造船所	基隆市濱町	大內重郎	造船及修理	7	1927.01
荒本造船所	基隆市濱町	荒本正	造船及修理	17	1917.10
垰造船所	基隆市濱町	垰數登	造船及修理	8	1922.01
久野造船所	基隆市社寮町	久野佐八	造船及修理	6	1921.01
岡崎造船鐵工所	基隆市社寮町	岡崎榮太郎	造船及修理	8	1922.01
垰造船所	基隆市社寮町	垰友太郎	造船及修理	4	1926.02
台灣倉庫株式會社船舶工廠	基隆市社寮町	代表者：三卷俊夫	造船及修理	5	1920.11
合資會社山村造船鐵工所	基隆市濱町	代表者：山村為平	造船及修理	—	1900.02

名稱	所在地	事業主	營業項目	職工數	事業開始年月
中町造船所	蘇澳郡蘇澳庄	中町喜之衛	日本形石油發動機付漁船	4	1925.10
名田造船分工場	蘇澳郡蘇澳庄	高畑源太郎	日本形石油發動機付漁船	5	1927.11
福島造船所	蘇澳郡蘇澳庄	福島簑	日本形石油發動機付漁船	4	1927.12
臺南造船所	臺南市田町	山口萬次郎	船舶修理	8	1928.06
臺灣倉庫株式會社修理工廠	高雄市入船町	代表者：三卷俊夫	漁船修繕	1	1934.12
廣島造船工場	高雄市旗後町	高垣坂次	船舶修理	9	1921.11
振豐造船工場	高雄市旗後町	曾強	船舶修理	22	1924.04
富重造船鐵工所	高雄市平和町	富重年一	發動機船	106	1919.04
金義成造船工場	高雄市平和町	許媽成	新造	4	1934.01
萩原造船鐵工場	高雄市平和町	萩原重太郎	修理	19	1932.03
光井造船工場	高雄市平和町	光井寬一	新造	48	1931.01
龜澤造船工場	高雄市哨船町	龜澤松太郎	修理	16	1928.04
澎湖鐵工所	澎湖廳馬公街	林雲	船舶修繕	5	1930.09
耀金鐵工所	澎湖廳馬公街	藍鋠鍫	船舶修繕	10	1933.04
藍木鐵工所	澎湖廳馬公街	藍木	船舶修繕	6	1920.01
川越造船所	臺東廳新港	川越富吉	修理	26	1913.03
合計：29間工場				752	

說　　明：1.以上工場為擁有動力或是常時由5人以上職工使用設備的工場，或是常時雇用5人以上職工之工場。2.合資會社山村造船鐵工所職工數為「－」，應是該調查沒有記錄到。

資料來源：臺灣總督府殖產局，《工場名簿（昭和十年）》（臺北市：該局，1937年），頁15-16。

表5-8　1939年臺灣有關漁船修造船場概況

名稱	所在地	事業主	營業項目	事業開始年月
臺灣船渠株式會社	基隆市大正町	刈谷秀雄	船舶	1919.06
合名會社基隆造船鐵工所	基隆市真砂町	岡本德太郎	船舶修理	1924.08
丸共造船所	基隆市濱町	中本磯太郎	發動機漁船	1931.11
埰造船所	基隆市濱町	埰數登	艀舶小型汽船修理	1922.01
合資會社山村造船鐵工所	基隆市濱町	山村為平	艀船、發動機船修理	1898.01
河島造船所	基隆市濱町	河島繁一	艀船、發動機船修理	1926.01
名田造船所	基隆市濱町	名田為吉	日本型發動漁船、艀舶	1923.04
荒本造船所	基隆市濱町	荒本正	日本型漁船、船舶修理	1917.10
大內造船所	基隆市濱町	大內重郎	日本型團平船修理	1927.01
岡崎造船鐵工所	基隆市社寮町	岡崎榮太郎	石油發動機船	1922.01
埰造船所	基隆市社寮町	埰友太郎	發動氣船	1924.06
台灣倉庫株式會社造船廠	基隆市社寮町	三卷俊夫	艀船	1920.11
久野造船所	基隆市社寮町	久野佐八	發動機漁船、船舶修理	1921.10
山本造船所	基隆市社寮町	山本喜代次郎	和洋折衷發動機付漁船	1935.04

名稱	所在地	事業主	營業項目	事業開始年月
大島鐵工所分工場	基隆市社寮町	大島利吉	船舶（修理）機械部分品	1934.04
山口造船所	蘇澳郡蘇澳庄	山口三吉	日本型石油發動機漁船	1925.10
南海造船所	蘇澳郡蘇澳庄	陳來福	日本型石油發動機船	1937.01
福島造船所	蘇澳郡蘇澳庄	福島松枝	日本形漁船	1927.03
高畑造船所	蘇澳郡蘇澳庄	高畑源太郎	日本型石油發動機付漁船	1927.11
雨林鐵工所	蘇澳郡蘇澳庄	陳玉霖	重油發動機	1928.08
合資會社須田造船所	臺南市田町	代表者：須田義次郎	漁船其他	1928.10
濱田造船所	臺南市田町	濱田藤平	漁船	1938.11
龜澤造船工場	高雄市哨船町	龜澤松太郎	漁業用發動機船修理	1914.03
臺灣船渠株式會社高雄工場	高雄市旗後町	代表者 刈谷秀雄	船舶修繕	1938.09
振豐造船鐵工所	高雄市旗後町	曾強	漁業用發動機船	1934.01
廣島造船所	高雄市旗後町	高垣坂次	漁業用發動機船修理	1923.04
臺灣倉庫株式會社修理工廠	高雄市平和町	三卷俊夫	日本型團平船修理	1921.11
萩原造船鐵工所	高雄市平和町	代表者：萩原重太郎	船舶修繕	1903.04

名稱	所在地	事業主	營業項目	事業開始年月
高雄造船鐵工所	高雄市平和町	代表者：林成	船舶修繕	1937.08
富重造船鐵工所	高雄市平和町	代表者：富重年一	船舶修繕	1919.04
光井造船所	高雄市平和町	光井寬一	漁業用發動機船修理	1928.04
藍木鐵工所	澎湖廳馬公街	藍木	船舶修理建築金物	1920.01
耀金鐵工所	澎湖廳馬公街	藍鋕鋑	船舶修理建築金物	1932.04

說　　明：以上工場為擁有動力或是常時由5人以上職工使用設備的工場，或常時僱用5人以上職工的工場。
資料來源：臺灣總督府殖產局，《工場名簿（昭和十四年）》（臺北市：該局，1941年），頁7-21。

在《臺灣水產雜誌》廣告欄中，也常可看到造船所的廣告，例如位於基隆成立於大正11年（1922）1月的埭造船所，說明其建造發動機漁船的成績——臺灣總督府獎勵補助的漁船：臺北州富貴丸，新竹州港丸、第三新海丸、鯤海丸、傳豐丸、金剛丸、明勝丸、香山丸、第二天滿丸、昭和丸、新屋丸、新豐丸、奉天丸，臺中州第一王功丸，高雄州第二恒榮丸，臺東廳中寮丸、日進丸。臺北州獎勵補助漁船：宇和丸、みせう丸、佐田丸、金剛丸、室戶丸。[47]

此外，為增進造船技術的提升，亦常舉辦船匠講習會，例如大正13年（1924）12月在臺灣總督府補助下，船材試驗性提供阿里山材，在基隆船渠株式會社造船工場打造臺北州水產指導船，邀請大日本水產會造船技師橋本德壽來臺指導，並招集州下造船業者之學徒，舉辦發動機漁船船匠講習會，從12月9日開始為期2個月時間，從造船實務

---

47 「廣告欄」，《臺灣水產雜誌》第267號（1937年6月），頁前-8。

中以謀造船技術向上，而臺北州水產指導船也於9日午後舉行起工儀式。[48]

而隨著臺灣遠洋漁業的發展，以改善船型為目的，特從昭和13年（1938）5月7日開始舉辦為期3週的船匠講習會。這個講習會由臺灣水產會主辦，在高雄港海事出張所舉行，講師是聘請日本漁船講習所技師橋本德壽，講習生要求為17歲以上，30歲以下的船匠及其子弟，且有相當技術者才能參加。從臺南來的有2名，高雄有45名，共計47名講習生，講習科目包括（一）漁船構造法（5日）；（二）漁船線圖法（4日）；（三）船漁現圖法（7日）；（四）漁船總圖設計法（5日）。[49]

二　石油發動機業

（一）機關士的養成

從昭和12年（1937）5月底臺灣動力化漁船來到935艘之多[50]，而動力化漁船的靈魂即是石油發動機。上一節提到基隆仙洞庄漁民於明治44年（1911）建造一艘石油發動機漁船，卻僱請高知縣漁夫前來基隆從事漁撈。那為何大老遠僱請日本高知縣的漁夫前來基隆漁撈呢？一開始因為臺灣人還不會使用石油發動機。因此相關機關／機關士的講習會是有必要舉辦，尤其後來舉辦這些講習會主要原因竟是為了防範漁船發生事故於未然。

---

48 〈無電を据附る　水產指導船の建造　船匠講習會も同時に開催〉，《臺灣日日新報》第8827號，1924年12月9日，5版。
49 〈遠洋漁船改善　船匠講習會〉，《臺灣日日新報》第13693號，1938年5月5日，2版。
50 臺灣水產會，《昭和十二年五月末現在臺灣に於ける動力付漁船々名錄》，頁61-62。

大正10年（1921）6月7日《臺灣日日新報》記載：「開機關士講習會臺北州下之發動汽船漁業，近年來甚覺長足進步，當明治四十四年（按：1911年），僅有四隻從事，今則達百五十隻之多，且益增加無已。然其出漁之間，漁夫之生命在漁船，而漁船之生命尤在機關士。本島取扱（按：操作）機關之機關士，以無試驗制度，且其技術練習亦缺如，僅見習數個月，遽為機關士，機關智識無有也。萬一有事，應急修理法既不明，每易招不測之禍，即機關之保存，石油之使用，亦不經濟，故機關士之養成，實最緊要。今回臺北州，擬以七月一日起三週間，于基隆由大日本水產會，招聘講師小茂島豐三郎氏，凡現在州下乘發動機汽船之機關士，皆使講習之，其豫定人員五十名。在人員之範圍內，雖自他州有希望者，亦不謝絕之。然至本月二十日頃，可附添履歷聽講願，提出于州廳，聽講生資格如左：1.現于船舶乘組者，或將來可為漁船機關士者；2.有尋常小學校或公學校卒業以上學力者；3.為身體強健，視力端正，十八歲以上之男子；4.聽講料概不徵收。」[51]

　　機關士講習會如期於基隆公學校舉行，從7月1日開始講習3週，後延至23日講習結束，24日舉行講習證書授與儀式，當日與會長官包括臺灣總督府殖產局水產課長、勸業課長、以及基隆郡守等。[52]由水產重要長官出席儀式，也可瞭解到水產當局對於機關士的養成非常重視。《臺灣日日新報》此類舉行機關／機關士講習會相關新聞不勝枚舉，在此不一一列舉，但這也反應出當局為防範漁船發生事故所做出的努力。

---

51 〈開機關士講習會〉，《臺灣日日新報》，第7546號，1921年6月7日，5版。〈發動汽船の増加に伴ひ　其事故を未然に防止すべく　機關士の講習會　臺北市の主催で七月一日から三週間〉，《臺灣日日新報》，第7545號，1921年6月6日，5版。

52 〈機關士講習會　廿四日證書授與〉，《臺灣日日新報》，第7591號，1921年7月22日，7版。

值得一提的是臺灣石油發動機漁船一直以來常發生問題，船難率為日本的兩倍，得查出原因。因此，臺灣水產會想要昭和5年（1930）11月再邀請日本業界權威農林省田島達之輔技師來診斷臺灣石油發動機，他是少數研究漁船船難的專家。其實田島技師已經來臺多次，昭和4年（1929）一整年他都在朝鮮釜山調查漁船發動機的問題，也辦了很多不良機關座談會。臺灣動力化漁船造船業剛開始發展之際，為了減少損失，其中主要的機關品都在日本製造後才送到臺灣。惟兩地氣候不太一樣，機關品經常無故故障，在臺灣或朝鮮的機關損耗率很高。為了解決這個問題，才聘請田島技師到臺灣各地實地調查。[53]

田島技師搭乘吉野丸，於昭和5年（1930）11月13日抵達基隆港，百濟文輔殖產局長、佐佐波外七水產課長、以及與儀喜宣技師都在場迎接。水產課金村技手在這10天隨同田島技師並攜帶水產課所擁有最具爆發力的檢定器來檢查。14日中午從臺北車站出發到蘇澳，16日整天在蘇澳，17日到22日則留在基隆，22日赴高雄，檢查全臺所有漁船機關後，28日離臺。他們檢查蘇澳到基隆的漁船機關，結果成績全部不良，這是因為廠商將大量不良的機關品銷到臺灣，而負責把關的機關士只有紙上知識，對機關品的品質不瞭解，才會造成這樣令人吃驚的結果。所以如何落實到讓機關士可以正確瞭解機關的狀態，才是必須要進行的。[54]

田島技師曾在日本走訪總共350個工場，其中農林廳指定的只有24個，沒有馬力限制的有7間，其它都是20馬力以下的小製造工場。

---

53 〈農林省の名醫を招き　漁船機關の診斷　遭難漁船緩和のため〉，《臺灣日日新報》，第10873號，1930年7月23日，7版。〈漁船機關調查　田島技師來臺〉，《臺灣日日新報》，第10902號，1930年8月21日，2版。

54 〈漁船機關檢查　田島農林技師が〉，《臺灣日日新報》，第10988號，1930年11月16日，2版。〈臺灣の漁船機關は　殆んど不良品　遭難率の多いのは當然　田島技師の調查で判明〉，《臺灣日日新報》，第10994號，1930年11月22日，2版。

這些小工場所製的產品很便宜，但是相對於高昂的造船價格不相適合。一個合格的漁船機關至少要能使用4至5年，但這些機關品只能勉強使用。因此，漁業者有必要買到優良的機關品，使漁船能順利返航。[55]因此，除了更多機關／機關士講習會在各地舉辦之外，甚至昭和7年（1932）11月30日於基隆濱町成立基隆水產商船學校，該所為船舶職員及海員之養成、以及授予水產相關學術技能之實用的補習速成機關，分第一部與第二部，其中第一部有無線電信科、機關部、甲板部。[56]

（二）石油發動機修理業

因為機關的不良率過高，因此除了增加機關士的技能外，有關石油發動機的修理也成為重要相關行業[57]，以《工場名簿（昭和四年）》為例，昭和4年（1929）計有14間鐵工所／鐵工場經營石油發動機的修理，基隆市4間，蘇澳2間，高雄市7間，鳳山街1間，經營者臺灣人9名，日本人5名。隨著臺灣漁業的發展，除了修造船場增加之外，石油發動機修理業的鐵工所亦有所增加，至昭和14年（1939）計有23間，相較於昭和4年（1929）增加9間。23間中，臺北市1間，基隆市3間，蘇澳1間，高雄市最多達16間，岡山街1間，鳳山街1間，經營者臺灣人15名，日本人8名。

---

55 〈臺灣の漁船機關は　殆んど不良品　遭難率の多いのは當然　田島技師の調查で判明〉，《臺灣日日新報》，第10994號，1930年11月22日，2版。
56 臺北州水產試驗場，《臺北州の水產》（基隆市：臺北州水產試驗場，1935年），頁65。佐佐木武治編輯，《臺灣の水產》（臺北市：臺灣水產會，1935年），頁119。
57 當然修造船場也有負責修理石油發動機的業務。

表5-9　1929年臺灣有關石油發動機修理工場概況

名稱	所在地	事業主	營業項目	職工數	事業開始年月
石井鐵工分工廠	基隆市	張井	石油發動機部分品	19	1918.01
三合鐵工所	基隆市	井上忠助	石油發動機部分品	12	1921.02
玉生鐵工所	基隆市	白火生	石油發動機部分品修理	4	1927.01
鈴木鐵工所	基隆市	鈴木清五郎	石油發動機部分品	8	1928.05
蘇澳鐵工所	蘇澳郡蘇澳庄	吉山瀧雄	石油發動機部分品、機械部分品修理	5	1922.05
雨林鐵工所	蘇澳郡蘇澳庄	陳玉霖	石油發動機部分品修理	3	1928.08
合盛鐵工所	高雄市旗後町	劉益	石油發動機部分品	25	1921.08
船越鐵工場	高雄市哨船町	船越卯平	石油發動機修理、製糖機械修理	4	1924.02
新和鐵工場	高雄市新濱町	陳再興	石油發動機部分品、機械部分品	8	1928.02
興發鐵工場	鳳山郡鳳山街	葉氏烏留	石油發動機修理	3	1928.06
共進鐵工場	高雄市哨船町	古谷平次郎	石油發動機部分品	6	1929.04

名稱	所在地	事業主	營業項目	職工數	事業開始年月
南部鐵工所	高雄市旗後町	許頭	石油發動機部分品	8	1929.07
金義興鐵工場	高雄市平和町	呂廣	石油發動機部分品	8	1929.09
新和鐵工場	高雄市新濱町	陳再興	石油發動機部分品	3	1929.10

資料來源：臺灣總督府殖產局，《工場名簿（昭和四年）》（臺北市：該局，1931年），頁10-16。

表5-10　1939年臺灣有關石油發動機修理工場概況

名稱	所在地	事業主	營業項目	事業開始年月
株式會社中田製作所	臺北市幸町	櫻井貞次郎	船舶重油機關	1918.09
山下鐵工所	基隆市入船町	山下熊次郎	石油發動機部分品	1932.03
合資會社東隆鑄物工場	基隆市濱町	賴連才	漁船發動機	1936.10
玉成鐵工所	基隆市濱町	白火生	船舶發動機修理	1927.01
雨林鐵工所	蘇澳郡蘇澳庄	陳玉霖	重油發動機	1928.08
三協鑄物工場	高雄市平和町	莊光典	船用發動機部分品	1935.03
富山鐵工所	高雄市平和町	郭應傑	船舶用發動機修理	1939.11

名稱	所在地	事業主	營業項目	事業開始年月
金義興鐵工所	高雄市平和町	呂廣	船舶用發動機修理	1929.09
石丸鐵工所	高雄市苓雅寮	石丸勝太郎	船舶用發動機修理	1933.01
八城鐵工所	高雄市哨船町	八城謙一	船舶用發動機修理	1934.09
船越鐵工所	高雄市哨船町	船越卯平	船舶用發動機部份品	1924.02
共進鐵工所	高雄市哨船町	古谷平次郎	船舶用發動機部份品	1929.04
東條鐵工所	高雄市湊町	東條秀	船舶用發動機修繕	1935.11
共成鐵工所	高雄市湊町	黃飛虎	船舶用發動機修理	1932.08
新高鐵公所	高雄市湊町	原田靜	船舶用發動機修理	1934.04
臺雄鐵工所	高雄市旗後町	龔遜霖	船舶用發動機修理	1936.02
臺成公司鐵工所	高雄市旗後町	周進福	船舶用發動機修理	1920.03
南進鐵工所	高雄市旗後町	許頭	船舶用發動機修理	1930.01
朝日鐵工所	高雄市旗後町	黃友誥	船舶用發動機修理	1935.11
建興鑄物工場	高雄市旗後町	鄧德茂	船舶用發動機修理	1938.07

名稱	所在地	事業主	營業項目	事業開始年月
新和鐵工所	高雄市新濱町	陳再興	船舶機械及其他	1928.02
義發鐵工所	高雄州岡山街	張再傳	發動機部分品修理	1935.10
億祥鐵工所	高雄州鳳山街	林天風	發動機部分品修理	1931.06

資料來源：臺灣總督府殖產局，《工場名簿（昭和十四年）》（臺北市：該局，1941年），頁7-21。

小結

　　要獲得更大漁獲量，從沿岸漁業擴張至近海漁業與遠洋漁業為必然之趨勢，而這趨勢更取決於動力化漁船的發展。19世紀後期日本海域常被歐美國家侵入盜捕，日本為杜絕此一情況、以及為了擴展漁場，遂公布《遠洋漁業獎勵法》，除了獎勵汽船、帆船外，使用新式石油發動機的漁船也受到補助。獎勵法的實施，結果是漁場面積擴大，比獎勵法制訂前大十數倍之多。漁獲量亦復如是。此一遠洋漁業獎勵讓漁場擴張及漁獲量大增的「日本經驗」，臺灣公私部門都瞭解其重要性。因此從1910年臺灣總督府開始編列水產試驗費、水產調查費及獎勵費之國庫預算，進行漁業獎勵，包括動力化漁船的獎勵。而每增加1艘動力化漁船數，漁獲額就會增加19,756.83圓。而漁獲額的變動，則有70.82%是受到動力化漁船數的影響。

　　動力化漁船的製造以往都是在日本製造，再回航臺灣，1920年有轉向基隆建造的趨勢，代表臺灣造船品質有一定的水準。日治時期有關臺灣漁船修造船工場數及其規模，無論在工場數及其規模來說，呈

增長趨勢。1929年全臺計有23間，職工數有543名，1935年雖增加為29間，惟職工數則擴增至752名，增加38.49%。至1938年為35間，職工數1,050名，皆達最高峰，且主要經營者為日本人。

在石油發動機修理業方面，昭和4年（1929）計有14間鐵工所／鐵工場經營石油發動機的修理，隨著臺灣漁業的發展，除了修造船場增加之外，石油發動機修理業的鐵工所亦有所增加，至昭和14年（1939）計有23間，相較於昭和4年（1929）增加9間，增加64.29%，且主要經營者為臺灣人。

第六章
臺灣鰹節製造業的發展

　　日本領臺之初，對臺灣周圍海域可說陌生，因此若要開發臺灣水產資源，必須施行水產調查與水產試驗，尤其在明治43年（1910）起，臺灣總督府開始編列水產試驗費等之國庫預算，建立由總督府直營的試驗制度，並與日本漁業基本調查及日本海洋漁業聯絡試驗納為一體外，同年亦設立獨立的水產行政機關──民政部殖產局商工課水產股，也開始真正有動力化漁船加入捕撈行列（按：從鰹漁業開始）。相關水產政策與施設的影響，對鰹漁業及其鰹節製造業的發展帶來正面貢獻。由於有關日治時期臺灣水產製造業的研究成果幾付之闕如，而鰹節無論在生產額或出口至日本的銷量皆最為重要（參見表6-1）。因此，本章所要探討包括臺灣鰹漁業與鰹節製造業的發展情形，以及鰹節製造業生產地點坐落何處？係日資或臺資掌控鰹節製造業及其貿易權？

表6-1　1922-1943年臺灣鰹節占水產製品總生產額比例

年別	真鰹節生產額	惣田鰹節生產額	水產製品總生產額	真鰹節占水產製品總生產額比例	惣田鰹節占水產製品總生產額比例	合計
1922	1,354,602	135,647	2,176,596	62.23	6.23	68.47
1923	2,109,546	251,957	3,303,756	63.85	7.63	71.48
1924	1,872,749	617,549	3,420,377	54.75	18.05	72.81
1925	1,817,544	660,261	3,581,201	50.75	18.44	69.19
1926	1,565,685	330,427	2,822,618	55.47	11.71	67.18

年別	真鰹節生產額	惣田鰹節生產額	水產製品總生產額	真鰹節占水產製品總生產額比例	惣田鰹節占水產製品總生產額比例	合計
1927	1,247,758	306,475	2,505,311	49.80	12.23	62.04
1928	1,260,726	390,944	2,706,623	46.58	14.44	61.02
1929	1,189,417	274,720	2,775,420	42.86	9.90	52.75
1930	528,766	134,096	1,793,273	29.49	7.48	36.96
1931	387,049	133,843	1,524,869	25.38	8.78	34.16
1932	156,843	55,775	1,545,164	10.15	3.61	13.76
1933	283,763	111,085	1,908,982	14.86	5.82	20.68
1934	408,293	116,721	2,290,923	17.82	5.09	22.92
1935	231,935	45,586	2,290,741	10.12	1.99	12.11
1936	291,353	67,669	2,500,298	11.65	2.71	14.36
1937	216,963	54,689	2,324,009	9.34	2.35	11.69
1938	60,936	10,047	2,358,530	2.58	0.43	3.01
1939	197,773	39,860	3,323,137	5.95	1.20	7.15
1940	255,721	28,589	6,719,467	3.81	0.43	4.23
1941	172,721	23,323	6,945,343	2.49	0.34	2.82
1942	96,156	—	7,769,062	1.24	—	1.24
1943	31,466	5,000	10,405,824	0.30	0.05	0.35

資料來源：依據《臺灣水產統計》各年度計算而得。

第一節　鰹漁業的發展

　　日本領臺之初，對臺灣周圍海域可說陌生，因此若要開發臺灣水產資源，必須施行水產調查與水產試驗。迨有成果後，官方再以獎勵

補助的方式，鼓勵水產業者經營。

　　水產調查肇始於明治29年（1896），派遣技手至基隆，就官有地從事水產調查，也委託在住日本人調查部分水產，並設置監督員於基隆蘇澳近海，從事水產調查。此外，也派技手至新竹鹿港間、安平至鹿港與安平至東港間、以及小琉球等地方調查漁業狀況。[1]

　　水產試驗則開始於明治35年（1902），臺灣總督府從地方稅勸業費中配賦給彰化廳水產試驗費1,205圓52錢、澎湖廳540圓。澎湖廳專以製造試驗為主，其中即包括鰹節的製造試驗。[2]一直以來澎湖試驗場長期接受試驗經費，鰹節生產量可謂不少。而臺灣東部沿海潮流，與日本知名鰹魚產地土佐、鹿兒島、沖繩沿海略同。倘若為一系統的話，鰹魚之豐富不難想像，製造鰹節應有大好前景。農商務省因此決定派遣專門技師來臺調查，同時也對其他水產進行精密調查。[3]

　　明治42年（1909）8月10日，農商務省派遣水產局技師下啟助和水產講習所技師妹尾秀實自東京出發來臺。[4]下啟助和妹尾秀實8月14日抵臺後對臺灣全島水產狀況進行詳細調查後，總督府殖產局遂依據其調查報告決定漁業改善方針，並從該年度依據新方針施行各種漁業

1　臺灣總督府民政部文書課，《（明治二十九年）臺灣總督府民政事務成績提要第二篇》（臺北市：成文出版社，1985年重印本），頁84-85。
2　臺灣總督府民政部文書課，《（明治三十五年分）臺灣總督府民政事務成績提要第八篇》（臺北市：成文出版社，1985年重印本），頁287-288。
3　〈本島水產調查〉，《臺灣日日新報》，第3309號，1909年5月13日，3版。
4　〈本島水產調查〉，《臺灣日日新報》，第3385號，1909年8月11日，3版。〈水產課長渡臺〉，《臺灣日日新報》，第3386號，1909年8月12日，1版。〈水產課長渡臺〉，《臺灣日日新報》，第3387號，1909年8月13日，2版。〈下啟助氏　妹尾秀實氏〉，《臺灣日日新報》，第3390號，1909年8月17日，2版。〈水產技師の基隆出張〉，《臺灣日日新報》，第3395號，1909年8月22日，2版。〈水產技師赴基〉，《臺灣日日新報》，第3396號，1909年8月24日，2版。〈臺灣の水產業〉，《臺灣日日新報（記念號　第七）》，第4281號，1912年5月1日，49版。

改善。[5]由於殖產局明治35年（1902）至明治42年（1909）間對漁業改良與試驗持續獎勵，惟受限於經費之故，未收其效果，遂欲於明治43年（1910）計畫進行較大規模的改良獎勵。下啟助和妹尾秀實調查發現臺灣沿海魚類並不少，其漁獲量缺乏係歸因於臺灣漁民之漁獲區受限制於近海所造成。因此，總督府才決定雇用專門技師對沿海全體進行魚道之調查，並查明魚族之種類。[6]

此外，總督府亦聽取下啟助和妹尾秀實的意見，自明治43年（1910）起開始編列水產試驗費等之國庫預算（參見表5-4），並建立由總督府直營的試驗制度。[7]該年編列43,000千圓，至昭和13年（1938）預算編列已高達717,736圓，為明治43年（1910）的16.69倍，可見總督府對於水產調查、試驗與獎勵的重視。

明治43年（1910）可謂日治時期臺灣水產業發展史的重要一年，該年起除了總督府開始編列水產試驗費之國庫預算外，亦設立獨立的水產行政機關－民政部殖產局商工課水產股，同年臺灣也開始真正有動力化漁船加入捕撈行列（從鰹漁業開始）。從第五章式5-2（見頁125）可知，自明治35年至昭和18年（1902-1943），臺灣水產總產值有49.32%受到明治43年（1910）相關水產政策與施設的影響。

明治43年（1910）3月12日總督府聘任農商務省樫谷政鶴為殖產局技師，[8]樫谷政鶴根據臺灣地勢及海潮之關係，將臺灣分為第一海區（按：從北端富貴角經東海岸至鵝鑾鼻海面）、第二海區（按：從富貴角至鵝鑾鼻的西海岸）、第三海區（按：澎湖列島周圍海面），並發表〈臺灣之水產

---

5 〈本島漁業改善〉，《臺灣日日新報》，第3423號，1909年9月24日，3版。
6 〈漁業改善方針〉，《臺灣日日新報》，第3466號，1909年11月16日，3版。
7 〈本島の水產試驗と水產業の獎勵〉，《臺灣之水產》第3號（臺北：臺灣總督府民政部殖產局，1915年），頁1。
8 〈樫谷政鶴氏〉，《臺灣日日新報》，第3567號，1910年3月20日，2版。〈樫谷政鶴氏〉，《臺灣日日新報》，第3615號，1910年5月17日，2版。

業〉一文，內容論及技術之傳習及漁業、製造、養殖等調查與試驗。[9] 依據其調查進行臺灣水產調查試驗之規畫，漁業首先要處理的事項之一即包括關於鰹漁場擴張的調查與試驗。[10] 從此展開了臺灣海洋漁業調查試驗事業，並與日本漁業基本調查及日本海洋漁業聯絡試驗納為一體。[11]

表6-2　日本各年度有關鰹漁業連絡試驗和協定府縣

年別	協定府縣	備註
1917	愛媛、和歌山、三重、愛知、靜岡、神奈川、千葉、茨城、福島、宮城、岩手、青森、沖繩、東京（小笠原）、臺灣，共1府13縣1地方。	臺灣參與，另參加鮪漁業
1918	宮崎、愛媛、高知、和歌山、三重、愛知、靜岡、神奈川、千葉、茨城、福島、宮城、岩手、青森、沖繩、小笠原、臺灣，共15縣2地方。	臺灣參與
1920	東京、愛媛、高知、和歌山、三重、靜岡、千葉、茨城、福島、宮城、岩手、青森、沖繩、小笠原、臺灣，共1府12縣2地方。	臺灣參與
1921	東京、千葉、茨城、三重、靜岡、宮城、福島、岩手、青森、和歌山、愛媛、高知、鹿兒島、沖繩、小笠原、臺灣，共1府13縣2地方。	臺灣參與，另參加鯖漁業
1923	東京、千葉、茨城、宮城、福島、岩手、三重、靜岡、青森、和歌山、愛媛、高知、鹿兒島、熊本、沖繩、臺灣、北海道、小笠原，共1府14縣3地方。	臺灣參與

9　〈臺灣の水產業（一）至（六）〉，《臺灣日日新報》，第3696號至第3702號，1910年8月20日至27日，3版。
10　〈本島の水產試驗と水產業の獎勵〉，頁1-2。
11　陳德智，〈帝國／殖民地的海洋──日治時期臺灣海洋調查及漁業試驗之研究〉，發表於2016年11月25日至26日臺北大學舉辦「秩序、治理、產業──近年東亞政經發展脈絡的再檢視」國際學術工作坊，頁1-26。

年別	協定府縣	備註
1924	臺灣、沖繩、鹿兒島、熊本、愛媛、高知、和歌山、三重、靜岡、小笠原、東京、千葉、茨城、福島、宮城、岩手、青森，共1府14縣2地方。	臺灣參與，另參加鮪漁業
1925	東京、千葉、茨城、福島、宮城、岩手、青森、靜岡、三重、和歌山、愛媛、高知、鹿兒島、沖繩、臺灣、小笠原，共1府13縣2地方。	臺灣參與，另參加鮪魚業

說　　明：昭和元年至3年（1926-1928），臺灣有參與鮪漁業連絡試驗，但沒有參與鰹漁業連絡試驗。
資料來源：陳德智，〈帝國／殖民地的海洋──日治時期臺灣海洋調查及漁業試驗之研究〉，頁8-11。

　　有關於鰹漁業可分為兩種，一種是鰹待網漁業，另一種是鰹釣漁業。鰹待網漁業，為定置網漁業一種，屬沿岸漁業，以捕撈惣田鰹為目的。日治以前稱為煙仔艚，主要在臺北州臺籍漁民經營之。大正3年（1914）以降由於漁業的改良，至大正8年（1919）以來成長迅速，以致臺灣人與日本人同時爭取經營，無論在北部、東部沿岸，至高雄州也相當普及。兩艘為一組，皆為起網漁船，一般來說每艘船有5名漁夫，除了船長之外，1名操網，其餘擔任指揮。漁場主要在東部沿岸一帶海深4、5尋至20尋處，漁期3月至8月，以5、6月為盛漁期。[12] 至昭和年間，臺東廳與花蓮港廳的惣田鰹魚產量大增，甚至超過臺北州的產量（詳見表6-12）。

---

[12] 臺灣總督府殖產局，《臺灣水產要覽》（臺北市：臺灣總督府，1925年版），頁26-29。佐佐木武治編輯，《臺灣水產要覽》（臺北市：臺灣水產會，1940年版），頁31-34。

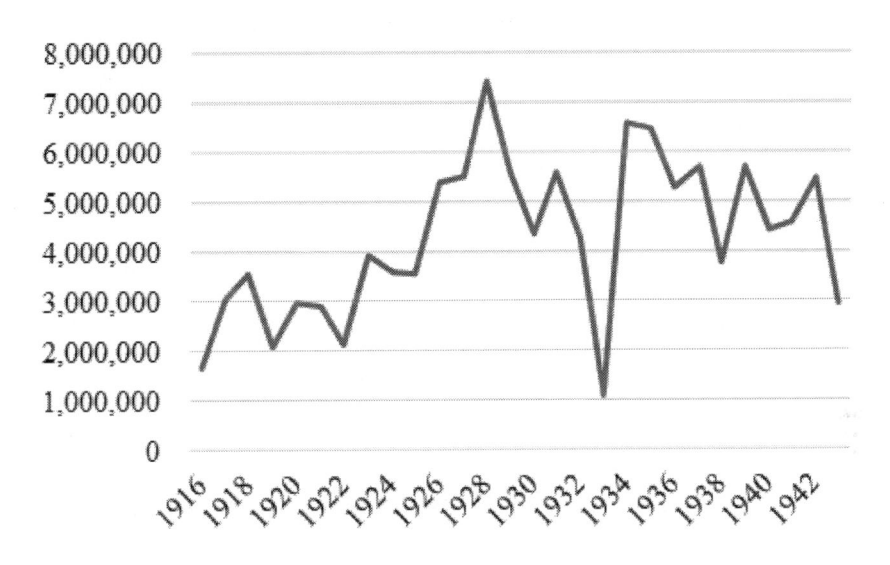

圖6-1　惣田鰹魚產量趨勢圖（1916-1943）

　　鰹釣漁業，屬近海漁業，為北臺灣日本人重要的漁業，明治42年（1909）宮崎縣漁夫坂本氏在沖繩縣出漁漂流至臺灣北部，在其歸港之際，於臺灣北部試驗鰹釣漁業，為該漁業在臺灣發展之始，其結果也認為有望。明治43年（1910）2艘船籍屬沖繩縣的漁船從八重山群島渡臺從事本漁業，另一方面居住在基隆的漁業者之間合設「基彭興產合資會社」，並且在總督府的補助之下，建造1艘25馬力西洋型輕油發動機漁船「基興丸」，從事鰹釣漁業，成績斐然。隨著總督府補助下的水產試驗的展開，臺灣北部鰹漁業漸漸露出曙光，後再擴展至臺東廳。[13]

---

[13] 臺灣總督府殖產局，《臺灣水產要覽》，1925年版，頁19-22。佐佐木武治編輯，《臺灣水產要覽》，1940年版，頁23-31。

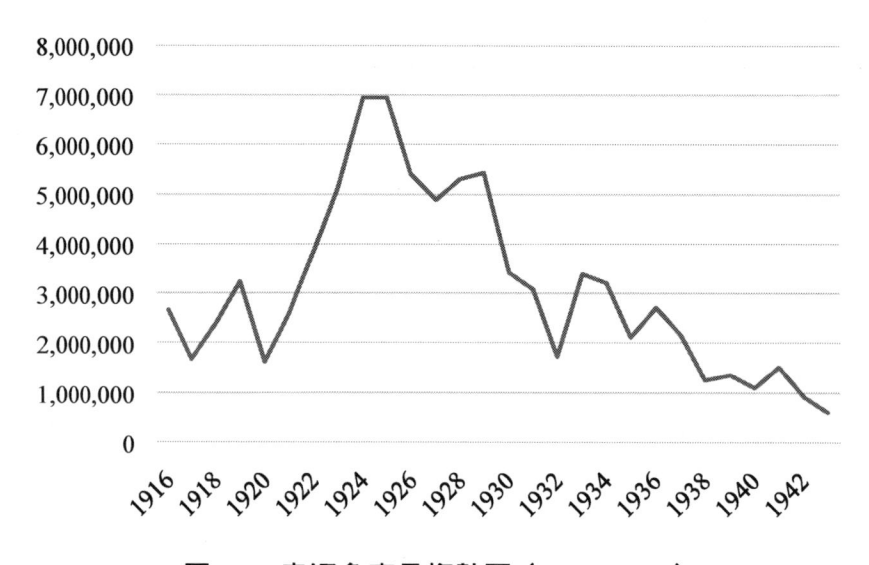

圖6-2　真鰹魚產量趨勢圖（1916-1943）

表6-3　1912-1943年鰹魚總產量與價額（單位：斤、圓）

年別	真鰹魚 數量	真鰹魚 價額	惣田鰹魚 數量	惣田鰹魚 價額	總計 數量	總計 價額
1912	—	—	—	—	619,019	22,288
1913	—	—	—	—	1,572,294	92,535
1914	—	—	—	—	2,234,526	109,235
1915	—	—	—	—	3,321,527	160,497
1916	2,687,010	162,060	1,661,656	75,764	4,348,666	237,824
1917	1,678,272	109,710	3,020,563	92,030	4,698,835	201,740
1918	2,406,172	175,195	3,544,558	179,178	5,950,730	354,373
1919	3,260,425	271,555	2,061,969	206,707	5,322,394	478,262
1920	1,637,450	331,157	2,944,833	325,384	4,582,283	656,541
1921	2,635,855	423,136	2,870,070	219,282	5,505,925	642,418

年別	真鰹魚 數量	真鰹魚 價額	惣田鰹魚 數量	惣田鰹魚 價額	總計 數量	總計 價額
1922	3,831,828	580,169	2,125,505	183,679	5,957,333	763,848
1923	5,132,052	925,686	3,924,560	573,094	9,056,612	1,498,780
1924	6,972,954	1,633,424	3,571,587	385,983	10,544,541	2,019,407
1925	6,961,027	1,515,115	3,529,078	301,336	10,490,105	1,816,451
1926	5,418,365	1,045,656	5,371,023	344,836	10,789,388	1,390,492
1927	4,915,596	913,190	5,494,399	344,011	10,409,995	1,257,201
1928	5,328,077	913,536	7,435,423	423,167	12,763,500	1,336,703
1929	5,443,897	756,787	5,594,548	325,855	11,038,445	1,082,642
1930	3,443,085	382,855	4,345,632	233,913	7,788,717	616,768
1931	3,088,052	299,884	5,590,925	209,161	8,678,977	509,045
1932	1,737,501	134,364	4,255,722	197,305	5,993,223	331,669
1933	3,420,741	260,974	1,061,094	303,558	4,481,835	564,532
1934	3,237,265	226,324	6,589,169	419,898	9,826,434	646,222
1935	2,135,711	172,955	6,465,622	399,913	8,601,333	572,868
1936	2,740,300	258,717	5,284,264	386,497	8,024,564	645,214
1937	2,186,312	187,249	5,701,280	416,682	7,887,592	603,931
1938	1,269,542	177,443	3,760,178	384,869	5,029,720	562,312
1939	1,381,481	208,785	5,683,231	676,227	7,064,712	885,012
1940	1,112,999	213,154	4,418,704	760,954	5,531,703	974,108
1941	1,534,671	504,054	4,564,900	954,145	6,099,571	1,458,199
1942	919,259	332,166	5,465,772	1,219,931	6,385,031	1,552,097
1943	612,305	348,448	2,913,088	721,977	3,525,393	1,070,425

資料來源：依據《臺灣水產統計》各年度計算而得。

第二節　鰹節製造業的發展

一　鰹節製造業發展情形

　　日治前臺灣的水產製品在日本人眼中只不過就是一些粗糙的魚乾製品及鹽魚製品，產額相當少。日本人來到臺灣改良水產製品，但都是漁民的副業，真正專門從事生產水產製品則以明治29年（1906）高雄的日式烏魚子製造為嚆矢，之後隨著各種漁業的發達，逐年從事水產製造的日臺人士也呈增長趨勢，鰹節製造從業者亦復如此。[14]

表6-4　日治前臺灣水產製品

名稱	主產地
魚翅、堆翅	澎湖島及安平
烏魚鰾	臺南、高雄
鯣（乾魷魚）	澎湖島
魚脯（乾魚）	澎湖島
熟魚（煮魚）	澎湖島
石花菜	澎湖島及基隆沿岸

資料來源：佐佐木武治編輯，《臺灣の水產》（臺北市：臺灣水產會，1935年），頁32。

　　日本統治臺灣初期每年就已進口鰹節，只是沒有完整的統計數據。不過根據從業者的說法，進口額據說大約20萬圓以上。由於基隆鼻頭一帶產鰹魚，因此在臺灣發展鰹節製造業是大有可為。居住在鼻

14　臺灣水產會，《臺灣名產カラスミの話》（臺北市：該會，1930年），頁5。佐佐木武治編輯，《臺灣水產要覽》，1940年版，頁50-51。

頭來自於日本鰹節產地的鹿兒島人河野氏，在明治34年（1901）即以鼻頭海域所捕捉的鰹魚試驗製造鰹節，成績不俗。[15]

雖說如此，一般有關臺灣鰹節製造業的濫觴，以惣田鰹節來說，由塗尾氏於明治36年（1903）在舊宜蘭廳下大里簡創製，真鰹節則由吉井治藤太於明治43年（1910）在臺北廳下基隆街創製。[16]總督府亦在明治43年（1910）在第一海區與第三海區進行鰹節製造實地指導。[17]隨著鰹漁業的發展，愈來愈多的鰹節製造業者設置鰹節工場，明治45年（1912）臺灣水產株式會社及臺灣海陸產業株式會社兩會社投資鉅額，開設真鰹節工場，之後陸續有個人企業加入生產。[18]

惟製造職工必須從日本本地招聘，人事成本是一大負擔，再加上賣價便宜，導致收支失衡，例如臺灣水產株式會社、臺灣海陸產業株式會社等皆面臨此一困境。總督府為發展此一鰹節製造業，因此在對鰹漁業進行指導獎勵的同時，亦對鰹節製造業實施獎勵補助。獎勵補助包括兩大項，第一項是為降低生產費，培訓臺籍職工（修業年限2年），另一項是代價差額補助，即補助生產費用與售價的差額。從大正2年至8年（1913-1919）補助職工養成費27,251.25圓，代價差額補助7,535圓，共計34,786.25圓。由於總督府積極的獎勵補助，再加上業者努力在節約成本，漸漸奠定了鰹節製造業的基礎，至大正5年（1916）業者大抵已能收支平衡。[19]

---

15 〈鰹節試製の計畫〉，《臺灣日日新報》，第856號，1901年3月13日，2版。惟從日本進口的鰹節至晚在明治33年（1900）已有記錄，該年鰹節進口額19,928圓。參見臺灣總督府編纂，《臺灣貿易二十五年對照表（從明治二十九年至大正九年）》（臺北市：臺灣總督府財務局稅務課，1922年），頁461。
16 兒玉政治，《臺灣產鰹節ニ就テ》（臺北市：臺灣總督府殖產局，1929年），頁5。
17 〈本島の水產試驗と水產業の獎勵〉，頁1-2。
18 佐佐木武治編輯，《臺灣水產要覽》，1940年版，頁57-58。
19 兒玉政治，《臺灣產鰹節ニ就テ》，頁6-7。

表6-5　1913-1919年臺灣總督府對鰹節製造業的獎勵補助狀況

年別	經營者	補助名目	補助金額（圓）	依據命令條例職工養成人數 男工	依據命令條例職工養成人數 女工	實際養成人數 男工	實際養成人數 女工
1913	臺灣水產株式會社	鰹削女工養成費補助	1,750	—	50	—	62
1913	臺灣海陸產業株式會社	鰹削女工養成費補助	1,750	—	50	—	51
1914	臺灣水產、臺灣海產共同經營	鰹節製造補助合計	8,006.25	—	—	—	—
1914	臺灣水產、臺灣海產共同經營	職工養成費補助	5,006.25	30	65	46	108
1914	臺灣水產、臺灣海產共同經營	代價差額補助	3,000	—	—	—	—
1915	臺灣水產、臺灣海產共同經營	鰹節製造補助合計	6,752	—	—	—	—
1915	臺灣水產、臺灣海產共同經營	職工養成費補助	4,239	30	65	60	133
1915	臺灣水產、臺灣海產共同經營	代價差額補助	2,512	—	—	—	—
1916	臺灣水產、臺灣海產共同經營	鰹節製造補助合計	5,128	—	—	—	—
1916	臺灣水產、臺灣海產共同經營	職工養成費補助	3,105.5	30	65	57	89
1916	臺灣水產、臺灣海產共同經營	代價差額補助	2,022.5	—	—	—	—
1917	臺灣水產株式會社	鰹削女工養成費補助	3,000	—	75	—	80
1918	臺灣水產株式會社	鰹削女工養成費補助	4,200	—	150	—	164

年別	經營者	補助名目	補助金額（圓）	依據命令條例職工養成人數 男工	依據命令條例職工養成人數 女工	實際養成人數 男工	實際養成人數 女工
1919	臺灣水產株式會社	鰹削女工養成費補助	1,176	—	42	—	47
	南部臺灣海產株式會社	鰹削女工養成費補助	1,008	—	36	—	40
	臺灣漁業株式會社		1,008	—	36	—	41
	吉井治藤太		1,008	—	36	—	57
合計		職工養成費補助	27,251.25	90	670	163	872
		代價差額補助	7,535	—	—	—	—
		合計	34,786.25	—	—	—	—

資料來源：兒玉政治，《臺灣產鰹節ニ就テ》，頁6-7。

　　臺籍削鰹節女工的養成自大正2年（1913）從日本招聘職工傳習開始，至大正5年（1916）實際上雖已訓練出443名女工，然就製造業者來說還是不足。因此，總督府自大正6年（1917）開始進行削鰹節臺籍女工5年養成計畫，以訓練300名女工為目的（按：大正11年〔1922〕的確獲得300名女工勞動力），委託臺灣水產株式會社定期訓練，同年的結業式亦在該會社八尺門工場舉行，樫谷政鶴技師親臨會場並予以讚許。5年養成計畫雖說委託臺灣水產株式會社，惟從表6-6可以看出大正8年（1919），除了臺灣水產株式會社外，南部臺灣海產株式會社、臺灣漁業株式會社，甚至個人企業吉井治藤太皆受到委託從事臺籍削鰹節女工的養成工作。[20]大正7年（1918）北部增設8處，南部則增設1處的鰹

---

20 〈鰹節女工養成〉，《臺灣日日新報》，第6189號，1917年9月19日，4版。〈鰹節女工養成　五箇年三百名〉，《臺灣日日新報》，第6260號，1917年11月29日，1版。兒玉政治，《臺灣產鰹節ニ就テ》，頁6-7。宮上龜七，《北臺灣の水產》（臺北市：臺灣水產協會，1925年），頁110。

節製造工場，加入生產行列，年均產量亦呈增長趨勢。[21]從業人員以昭和3年（1928）為例，就有2,734人，日人職工主要從高知縣、宮崎縣、愛媛縣招聘，主要當指導員，臺人職工則大部分以當地人為主。[22]

　　總督府為了改善鰹節品質，特於大正12年（1923）在基隆市八尺門設置臺灣總督府鰹節製造試驗所，對鰹節品質的提升有了助益。[23]鰹節製造試驗所總工程費5,750圓，大正12年（1923）8月15日竣工，18日下午3時舉行落成典禮，並進行神道教除晦氣及投餅儀式。[24]爾後試驗所進行各種鰹節試製，例如昭和2年至3年（1927-1928）包括去除生鰹身上脂肪的「脫脂試驗」、為保存鰹節的各種科學藥品的「害蟲豫防驅除試驗」、以及以人工方式在鰹節上面灑種黴菌的「人工黴附移植試驗」等。[25]其中以脫脂試驗最為重要，因為脂肪是製造鰹節成敗的關鍵，相較於日本，臺灣鰹魚脂肪較多，需要特別研究去除脂肪的方法。昭和4年（1929）鰹節製造試驗所在該年7月22日至10月24日再度進行脫脂試驗，經過物理的、化學的脫脂方法，前後進行14次的試驗，終獲得比預期還要好的成績。[26]

　　除了脫脂試驗，「附黴」亦是試驗重點。例如大正15年（1926）鰹節製造試驗所進行附黴試驗，原料鰹8,191貫，鰹節製品1,460貫，

21　〈製造鰹節起色〉，《臺灣日日新報》，第6680號，1919年1月23日，5版。〈鰹節女工養成　本年よりは四工場に〉，《臺灣日日新報》，第6798號，1919年5月21日，1版。〈鰹節製造發展〉，《臺灣日日新報》，第6798號，1919年5月21日，1版。

22　兒玉政治，《臺灣產鰹節ニ就テ》，臺灣鰹節製造工場分布圖。

23　〈鰹節製造の　試驗所　昨日落成式〉，《臺灣日日新報》，第8350號，1923年8月20日，2版。上妻定道，〈本島の鰹節製造業〉，《臺灣水產雜誌》，第230期（1934年6月），頁42。

24　兒玉政治、友寄隆英，《鰹節製造試驗復命書》（臺北市：臺灣總督府殖產局，1924年），頁1。〈鰹節製造の試驗所　昨日落成式〉，《臺灣日日新報》，第8350號，1923年8月20日，2版。

25　〈鰹節製造試驗〉，《臺灣日日新報》，第9789號，1927年8月7日，2版。〈鰹節試驗開始　基隆の試驗場で〉，《臺灣日日新報》，第10124號，1928年6月28日，2版。

26　〈脂肪鰹　製造成功〉，《臺灣日日新報》，第10267號，1929年11月17日，夕刊4版。

試驗成績，逐年良好，而東港水產補習學校的學生也來試驗所實習了40天。此外，昭和5年（1930）鰹節製造試驗所委請中央研究所的中澤博士負責一項附黴計畫，計畫委託日本鰹節產地宮崎、和歌山、靜岡、高知、鹿兒島、沖繩等6縣的試驗場，詳細調查縣內鰹節第一次發黴、第二次發黴、第三次發黴情況，做為臺灣鰹節改良的參考。[27]

大正12年（1923）鰹節生產額突破2百萬圓，昭和3年（1928）生產量佔全日本20%，品味為第5等。但隨著經濟不佳，再加上南洋產節的輸入造成行情下跌，會社組織者經營都不順遂，遂漸僅以個人企業經營者在支撐著鰹節製造業。[28]

表6-6　1928年臺灣鰹節製造業現況

類別\地方別	工場 真鰹節	工場 惣田鰹節	計	從業人員 真鰹節工場 內地	本島	番人	計	惣田鰹節工場 內地	本島	番人	計	合計
臺北州	9	19	28	405	360	—	765	29	360	—	389	1,154
高雄州	11	2	13	102	38	—	140	—	30	—	30	170
臺東州	5	18	23	21	77	8	106	6	406	183	595	701
花蓮港廳	—	22	22	—	—	—	—	36	378	175	589	589
澎湖廳	—	6	6	—	—	—	—	—	120	—	120	120
計	25	67	92	528	475	8	1,011	71	1,294	358	1,723	2,734

資料來源：兒玉政治，《臺灣產鰹節ニ就テ》，頁23。

---

[27] 〈督府主開　鰹節試驗告畢〉，《臺灣日日新報》，第9519號，1926年11月1日，4版。
　〈鰹節の黴を研究　中研の中澤博士がやる〉，《臺灣日日新報》，第10916號，1930年9月4日，2版。
[28] 佐佐木武治，《臺灣水產要覽》，1940年版，頁57-58。

表6-7　1928年日本各地產鰹節品味及其比例

產地別	品味	比例
土佐節	1等100	20%
薩摩節	2等90	25%
伊豫阿波州節	3等85	5%
沖繩節	4等80	25%
臺灣節	5等70	20%
三陸節	6等57	5%

資料來源：兒玉政治,《臺灣產鰹節ニ就テ》,頁72。

表6-8　1928年日本各地產鰹節交易價格狀況

產地別	大節（一隻平均重量50匁—70匁位）	中節（一隻平均重量40匁位）	龜節（一隻平均重量50匁位）
土佐節	10貫145,000厘（最近數筒年間最高價格230,000厘）	10貫125,000厘	10貫105,000厘
薩摩節	10貫135,000厘（最近數筒年間最高價格190,000厘）	10貫110,000厘	10貫95,000厘
伊豫阿波州節	10貫130,000厘（最近數筒年間最高價格189,000厘）	10貫105,000厘	10貫88,000厘
沖繩節	10貫125,000厘（最近數筒年間最高價格175,000厘）	10貫100,000厘	10貫84,000厘
臺灣節	10貫100,000厘（最近數筒年間最高價格170,000厘）	10貫85,000厘	10貫73,000厘
三陸節	10貫85,000厘（最近數筒年間最高價格130,000厘）	10貫70,000厘	10貫63,000厘

資料來源：兒玉政治,《臺灣產鰹節ニ就テ》,頁73。

前述臺籍削鰹節女工養成計畫與鰹節生產量關聯性程度為何？若以大正2年（1913）總督府補助臺籍削鰹節女工養成經費後的第2年（因修業年限2年）即大正4年（1915）為分界點，利用 North 的「制度分析法」，以虛擬變數來檢驗此一養成計畫對鰹節製造量帶來多大的影響力。以虛擬變數（$D_{1910-1914}=0$，$D_{1915-1943}=1$）進行迴歸分析後，養成計畫與真鰹節生產量僅有17.05%相關聯，與惣田鰹節生產量更僅有9.51%關聯性。惟鰹節生產量受昭和4年（1929）世界經濟大恐慌等因素影響，年均產量呈衰退趨勢，若以爆發世界經濟大恐慌的昭和4年（1929）為統計最終年份，以虛擬變數（$D_{1910-1914}=0$，$D_{1915-1929}=1$）進行迴歸分析後，養成計畫與真鰹節生產量已有51.38%相關聯，與惣田鰹節生產量相關聯性則增加至24.56%。

惣田鰹節製造業於明治36年（1903）創業後，逐年發展頗為順利，特別是東海岸鰹待網漁業的勃興，而更加隆興，成為臺灣主要的水產製品。該漁業除了生產惣田鰹節外，由於臺灣人很喜歡吃惣田鰹鹽煮品，尤其在昭和13年（1938）因為鰹節市場更為不振，幾乎都製成鹽煮品，其產額竟達160,000貫、217,000圓。[29]

至於大正12年（1923）臺灣總督府鰹節製造試驗所的成立與鰹節生產量關聯性程度為何？以大正12年（1923）成立鰹節製造試驗所為分界點，以虛擬變數（$D_{1910-1922}=0$，$D_{1923-1943}=1$）進行迴歸分析後，成立鰹節製造試驗所與真鰹節生產量只有2.64%的關聯性，與惣田鰹節生產量亦僅有13.56%的關聯性。同樣若以爆發世界經濟大恐慌的昭和4年（1929）為統計最終年份，以虛擬變數（$D_{1910-1922}=0$，$D_{1923-1929}=1$）進行迴歸分析後，成立鰹節製造試驗所與真鰹節生產量已有50.61%的關聯性，與惣田鰹節生產量更達69.67%的關聯性，迴歸分析

---

29 佐佐木武治，《臺灣水產要覽》，1940年版，頁58-59。

統計數字也反應出1920年代臺灣鰹節製造業的高峰，1930年代趨向沒落的事實。

表6-9　1910-1943年臺灣鰹節產量及價額

年別	真鰹節 製造量（貫）	真鰹節 同價額（圓）	惣田鰹節 製造量（貫）	惣田鰹節 同價額（圓）
1910	2,000	7,400	13,177	15,178
1911	7,200	26,400	7,502	13,978
1912	24,045	98,400	8,360	13,911
1913	24,422	105,600	4,827	6,794
1914	16,566	73,600	22,073	38,679
1915	51,271	255,000	9,265	13,742
1916	76,432	418,000	5,321	7,854
1917	61,200	366,000	21,394	45,428
1918	73,118	511,000	68,672	176,137
1919	94,580	731,500	29,292	92,826
1920	79,552	634,719	35,976	101,169
1921	83,451	825,183	115,427	167,045
1922	218,148	1,354,602	52,371	135,647
1923	219,505	2,109,546	102,600	251,957
1924	157,131	1,872,749	240,687	617,549
1925	161,726	1,817,544	261,908	660,261
1926	148,293	1,565,685	130,738	330,427
1927	122,915	1,247,758	128,901	306,475
1928	155,480	1,260,726	182,282	390,944
1929	163,100	1,189,417	116,023	274,720
1930	102,374	528,766	74,137	134,096

年別	真鰹節 製造量（貫）	真鰹節 同價額（圓）	惣田鰹節 製造量（貫）	惣田鰹節 同價額（圓）
1931	78,591	387,049	94,350	133,843
1932	37,955	156,843	48,237	55,775
1933	59,641	283,763	58,903	111,085
1934	90,186	408,293	182,021	116,721
1935	47,734	231,935	27,164	45,586
1936	58,908	291,353	27,221	67,669
1937	49,359	216,963	35,088	54,689
1938	11,640	60,936	3,543	10,047
1939	19,846	197,773	11,536	39,860
1940	18,911	255,721	6,553	28,589
1941	18,045	172,721	6,396	23,323
1942	12,297	96,156	0	0
1943	2,590	31,466	2,666	5,000

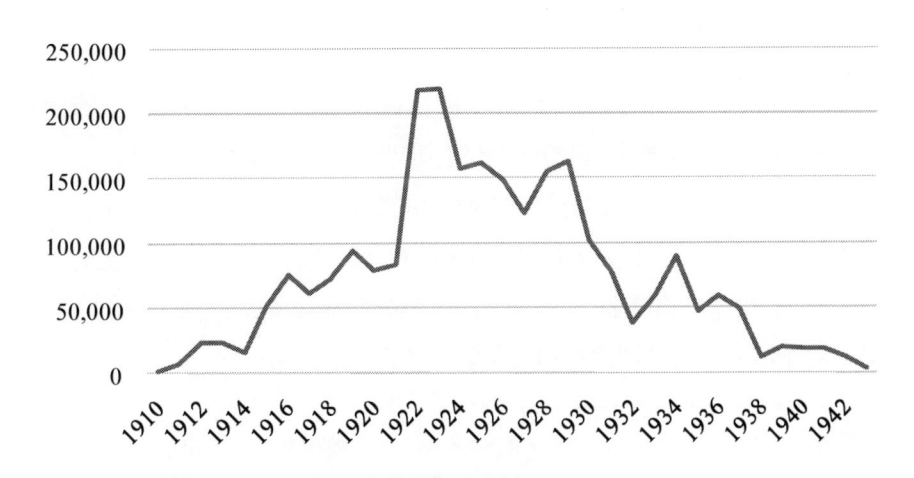

資料來源：依據《臺灣水產統計》各年度計算而得。

圖6-3 真鰹節製造量趨勢圖（1910-1943）

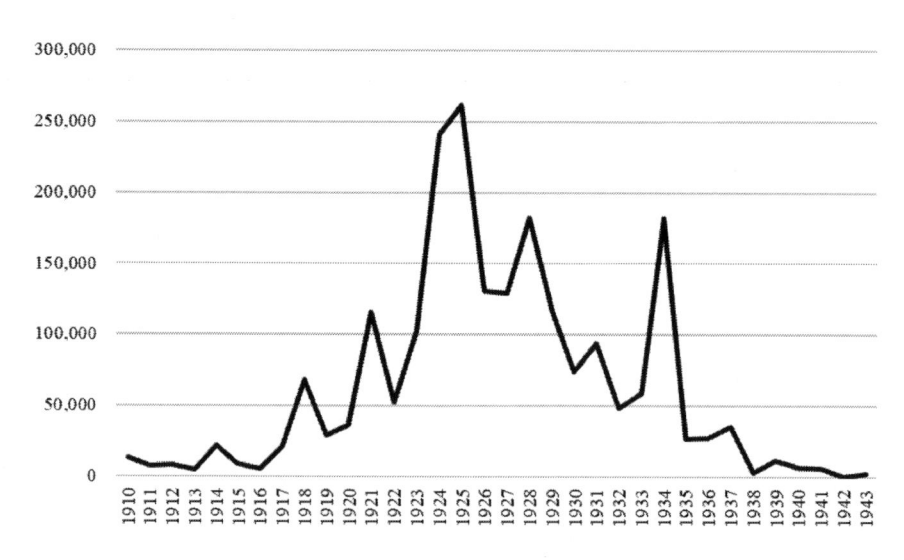

圖6-4　惣田鰹節製造量趨勢圖（1910-1943）

二　鰹節工場位置

　　由於鰹釣漁場在北部海域，因此以基隆為鰹釣漁業的根據地，生產真鰹節的工場亦即以基隆為生產重鎮。大正8年（1919），9家生產真鰹節工場即有8家位於基隆社寮庄與八斗子庄，另1家在宜蘭蘇澳庄（參見表6-10）。[30]隨著鰹釣漁業與鰹待網漁業漁場的擴展，真鰹節與惣田鰹節製造工場紛紛開設，《大正十四年工場名簿》登入職工5人以上生產鰹節工場（按：沒有區分真鰹節與惣田鰹節）的58家中，30家在臺北州，包括基隆市10家、基隆郡10家、宜蘭郡3家、以及蘇澳郡7家，占全臺51.72%，臺東廳、花蓮港廳、澎湖廳則分別有6家、15家、7家，占全臺比例則分為10.34%、25.86%、以及12.07%。[31]

---

30 臺灣總督府殖產局編，《臺灣之水產》（臺北市：臺灣總督府，1920年），頁57-58。
31 臺灣總督府殖產局，《大正十四年工場名簿》（臺北市：該局，1929年），頁146-149。

表6-10 1919年臺灣鰹節製造業概況

工場所在地	經營者	煮熟釜員數	一釜一回煮熟能力（生鰹）	職工 日本人 男工	職工 日本人 女工	職工 臺灣人 男工	職工 臺灣人 女工	製造場	生鰹普通製造能力（貫）
臺北廳基隆堡社寮庄	臺灣水產株式會社	12	500	36	24	13	165	土佐式	810
臺北廳基隆堡社寮庄	南部臺灣海產株式會社	12	54	22	25	9	40	土佐式	87.48
臺北廳基隆堡社寮庄	臺灣漁業株式會社	12	54	33	44	—	43	土佐式	87.48
臺北廳基隆堡社寮庄	吉井治藤太	12	55	41	36	7	74	土佐式	89.1
臺北廳基隆堡社寮庄	舛田幸吉	12	50	21	19	10	11	土佐式	81
臺北廳基隆堡社寮庄	福島清志	4	50	25	2	10	—	千葉式	27
臺北廳基隆堡八斗子庄	南部臺灣海產株式會社	15	54	12	—	51	—	土佐式	109.35
臺北廳基隆堡八斗子庄	西村太郎助	5	55	17	37	11	—	土佐式	37.125
宜蘭廳利澤簡堡蘇澳庄	熊田原千代松	7	54	19	11	—	—	土佐式	51.02
合計		91	926	226	198	111	333	—	1379.555
合計				424		444			

資料來源：臺灣總督府殖產局編，《臺灣之水產》（臺北市：臺灣總督府，1920年），頁57-58。

昭和3年（1928）在兒玉政治對全臺灣鰹節製造業者的調查中，計有92家鰹節工場，其中真鰹節工場25家，惣田鰹節工場67家（參見表6-11）。若以州廳別來看，臺北州28家、高雄州13家、臺東廳23家、花蓮港廳22家、澎湖廳6家，分占全臺30.43%、14.13%、25.00%、23.91%、6.52%，仍以臺北州鰹節工場家數最多，惟隨著東部鰹待網漁業的發達，再加上臺東廳與花蓮港廳銳意發展惣田鰹節製造，例如大正15年（1926）臺東廳新港支廳下設置鰹節製造講習所，以蕃人公學校畢業生為講習生，傳習鰹節製造技術等等因素，使東部兩廳鰹節製造工場家數達45家，占48.91%，主要是生產惣田鰹節。[32]至於真鰹節的生產地以臺北州基隆市與高雄州高雄市為主，然高雄市的真鰹節生產量仍不敵基隆市（參見表6-11）。

《昭和十年工場名簿》登入職工5人以上41家生產鰹節工場（按：沒有區分真鰹節與惣田鰹節）中，9家在臺北州，包括基隆市8家、宜蘭郡1家，占全臺21.95%，高雄州高雄市、臺東廳、花蓮港廳則分別有1家、14家、17家，分佔全臺比例為2.44%、34.15%、以及41.46%，仍以臺東廳與花蓮港廳獨占鰲頭。[33]臺灣總督府殖產局所出版的《臺灣水產統計》，經數量分析，大致上從昭和3年（1928）以後，漸以臺東廳與花蓮港廳的鰹節工場家數居多，尤其昭和4年（1929）世界經濟大恐慌後，真鰹節產量呈衰退趨勢，真鰹節工場家數亦衰退至昭和15年（1940）後僅剩下4至6家而已。

---

32 〈蕃人鰹節講習生〉，《臺灣日日新報》，第9422號，1926年7月27日，2版。〈蕃人鰹節製造　講習生座業式　三十日舉行さる〉，《臺灣日日新報》，第9462號，1926年9月5日，2版。

33 臺灣總督府殖產局，《昭和十年工場名簿》（臺北市：該局，1937年），頁127-130。

表6-11　1928年臺灣鰹節製造業概況

臺北州下			
經營者	製造品別	工場名	工場所在地
臺灣總督府	各種節類	殖產局附屬鰹節製造試驗所	臺北州基隆市社寮字八尺門
吉井光久	真鰹節	吉井鰹節製造工場	同上
三組代表者久持善治	同上	三組鰹節製造工場	同上
西村太郎助	同上	西村鰹節製造工場	同上
吉岡鶴吉	同上	吉岡鰹節製造工場	同上
南海漁業株式會社	同上	南海漁業株式會社鰹節工場	同上
春日組代表者西村長平	同上	春日組鰹節製造工場	臺北州基隆市八斗子字牛稠嶺
若松左次郎	同上	門川組鰹節製造工場	臺北州基隆市字社寮島
鈴木清五郎	同上	鈴木鰹節製造工場	同上
林傳成	惣田鰹節	林傳成惣田鰹節製造工場	臺北州基隆郡貢寮庄字田寮洋
王天賜	同上	王天賜惣田鰹節製造工場	同上
林石枝	同上	林石枝惣田鰹節製造工場	臺北州基隆郡貢寮庄字外澳
陳吳冬山	同上	陳吳冬山惣田鰹節製造工場	同上
林商店	同上	林商店惣田鰹節製造工場	同上

臺北州下			
經營者	製造品別	工場名	工場所在地
潘王皮	同上	潘王皮惣田鰹節製造工場	同上
吳文同	同上	吳文同惣田鰹節製造工場	同上
王前庭	同上	王前庭惣田鰹節製造工場	同上
鄭金德	同上	鄭金德惣田鰹節製造工場	同上
吳紹華	同上	吳紹華惣田鰹節製造工場	同上
濱田辰熊	同上	濱田惣田鰹節製造工場	臺北州宜蘭郡頭圍庄大里簡
吳商店	同上	吳商店惣田鰹節製造工場	同上
李商店	同上	李商店惣田鰹節製造工場	同上
雷萬福	同上	雷萬福惣田鰹節製造工場	臺北州蘇澳郡蘇澳庄蘇澳
陳花榮	同上	陳花榮惣田鰹節製造工場	同上
蘇澳移住者漁業組合	同上	蘇澳移住者漁業組合鰹節製造工場	同上
日東水產商會代表者濱田傳吉	同上	日東水產商會惣田鰹節製造工場	同上

臺北州下			
經營者	製造品別	工場名	工場所在地
臺灣水產株式會社	同上	陳阿圭惣田鰹節製造工場	臺北州蘇澳郡粉鳥林
洪和尚	同上	洪和尚惣田鰹節製造工場	臺北州蘇澳郡大南澳
	真鰹節	9家	
	惣田鰹節	19家	
	小計	28家	
高雄州下			
經營者	製造品別	工場名	工場所在地
山下安吉	真鰹節	山下鰹節製造工場	高雄州高雄市苓雅寮
大野八十斥	同上	大野鰹節製造工場	高雄州高雄市前金町
川添則二	同上	川添鰹節製造工場	高雄州高雄市旗後町
山田福太郎	同上	山田鰹節製造工場	同上
中西丑松	同上	中西鰹節製造工場	高雄州高雄市綠町
吉田孫三郎	同上	吉田鰹節製造工場	同上
木下勝清	同上	木下鰹節製造工場	同上
長野楠屋太	同上	長野鰹節製造工場	同上
兒玉豐三郎	同上	兒玉鰹節製造工場	高雄州東港郡東港街
龍井利助	同上	中西鰹節製造工場	高雄州東港郡琉球嶼
游阿添	惣田鰹節	游阿添鰹節製造工場	高雄州恒春郡恒春庄
康清江	同上	康清江鰹節製造工場	同上
柏尾包具	真鰹節	柏尾鰹節製造工場	高雄州恒春郡恒春庄大板埒
	真鰹節	11家	

高雄州下				
經營者	製造品別	工場名	工場所在地
	惣田鰹節	2家	
	小計	13家	
臺東廳下				
經營者	製造品別	工場名	工場所在地
王長順	惣田鰹節	大金石惣田鰹節製造工場	臺東廳新港支廳加走灣區大金石
小池時三	同上	姑子律惣田鰹節製造工場	臺東廳新港支廳加走灣區姑子律
魏阿濱	同上	水母丁惣田鰹節製造工場	臺東廳新港支廳加走灣區水母丁
溫泰坤、馬榮通	同上	溫馬惣田鰹節製造工場	臺東廳新港支廳加走灣區加走灣
魏阿濱	同上	加走灣魏阿濱惣田鰹節工場	同上
溫泰伸	同上	沙汝灣惣田鰹節製造工場	臺東廳新港支廳成廣澳區沙汝灣
許忠	同上	白守蓮許忠惣田鰹節製造工場	臺東廳新港支廳新港區白守蓮
莊司辨吉	同上	白守蓮莊司辨吉惣田鰹節工場	同上
魏阿濱	同上	白守蓮惣田鰹節製造工場	同上
郭進昌	同上	郭進昌惣田鰹節製造工場	臺東廳新港支廳新港區芝路古咳
吳定	同上	新港吳定惣田鰹節工場	臺東廳新港支廳新港區新港

臺東廳下				
經營者	製造品別	工場名	工場所在地
松井金二郎	同上	加只來惣田鰹節製造工場	臺東廳新港支廳新港區加只來
馬榮通	同上	都歷惣田鰹節製造工場	臺東廳新港支廳都歷區都歷
日高嘉八郎	真鰹節	馬武窟日高鰹節製造工場	臺東廳新港支廳都巒區大馬武窟
外間長四郎	同上	馬武窟外間鰹節製造工場	同上
何阿元	惣田鰹節	馬武窟何阿元惣田鰹節工場	同上
都巒青年會	同上	青年會惣田鰹節製造工場	臺東廳新港支廳都巒區都巒
郭進昌	同上	吳志謙都巒惣田鰹節製造工場	同上
林朝欽	同上	林朝欽惣田鰹節製造工場	臺東廳大武支廳卑南區美和村
山廣龜太郎	同上	香蘭惣田鰹節製造工場	臺東廳大武支廳太麻里區猴子蘭
松井金二郎、飲干太加次	真鰹節	旭鰹節製造工場	臺東廳火燒島中寮
南喜一郎	同上	玉福鰹節製造工場	臺東廳火燒島南寮
陳振宗	同上	陳振宗鰹節製造工場	臺東廳紅頭嶼クモロナモン
	真鰹節	5家	
	惣田鰹節	18家	
	小計	23家	

花蓮港廳下			
經營者	製造品別	工場名	工場所在地
山廣龜太郎	惣田鰹節	グークツ山廣龜太郎工場	花蓮港廳研海支廳グークツ
中村正己	同上	グークツ中村正己工場	同上
佐藤恒之進	同上	カナガン佐藤恒之進工場	花蓮港廳研海支廳カナガン
郭進昌	同上	カナガン郭進昌工場	同上
邱有木	同上	カナガン邱有木工場	同上
平山貞市	同上	小清水平山貞市工場	花蓮港廳研海支廳石控仔
樹德公司（翁山英）	同上	タツキリ坂下樹德公司工場	花蓮港廳研海支廳タツキリ坂下
吳志謙	同上	タツキリ坂下吳志謙工場	同上
山廣龜太郎	同上	スムダル山廣龜太郎工場	花蓮港廳研海支廳新城スムダル
郭進昌	同上	スムダル郭進昌工場	同上
鄭景	同上	三棧鄭景工場	花蓮港廳研海支廳新城三棧
東臺興產合資會社	同上	北埔三棧東臺興產合資會社工場	花蓮港廳研海支廳北埔三棧
山廣龜太郎	同上	北埔カウワン山廣龜太郎工場	花蓮港廳研海支廳北埔カウワン
平山貞市	同上	北埔ドレツク平山貞市工場	花蓮港廳研海支廳北埔ドレツク

花蓮港廳下			
經營者	製造品別	工場名	工場所在地
平山丑太郎	同上	北埔沼東平山丑太郎工場	花蓮港廳研海支廳北埔沼東
佐藤恒之進	同上	加禮宛佐藤恒之進工場	花蓮港廳花蓮支廳平野區加禮宛
中村正己	同上	加禮宛中村正己工場	同上
邵梯	同上	米崙邵梯工場	花蓮港廳花蓮支廳花蓮港街米崙
謝順占	同上	米崙謝順占工場	同上
平山丑太郎	同上	米崙平山丑太郎工場	同上
小池時三	同上	石梯小池時三工場	花蓮港廳花蓮支廳新社區石梯
李熖	同上	石梯李熖工場	同上
	真鰹節	0家	
	惣田鰹節	22家	
	小計	22家	
澎湖廳下			
經營者	製造品別	工場名	工場所在地
楊長	惣田鰹節	楊長惣田鰹節製造工場	澎湖廳西嶼庄緝馬灣
薛壽	同上	懋德惣田鰹節製造工場	同上
呂有聲	同上	呂有聲惣田鰹節製造工場	澎湖廳西嶼庄內垵
薛謙	同上	三協發惣田鰹節製造工場	同上

澎湖廳下			
經營者	製造品別	工場名	工場所在地
薛占	同上	新發成惣田鰹節製造工場	同上
李林	同上	同協成惣田鰹節製造工場	澎湖廳西嶼庄外垵
	真鰹節	0家	
	惣田鰹節	6家	
	小計	6家	
合計			
經營者	製造品別	工場名	工場所在地
	真鰹節	25家	
	惣田鰹節	67家	
	合計	92家	

資料來源：兒玉政治，《臺灣產鰹節ニ就テ》，臺灣鰹節經營者概況表。

表6-12　1931-1943年各州廳真鰹節工場數與生產量價及其比例（單位：貫、圓、%）

年別	項目	臺北州	高雄州	臺東廳	花蓮港廳	澎湖廳	合計	臺北州	高雄州	臺東廳	花蓮港廳	澎湖廳	合計
1931	工場數	5	5	4	—	—	14	35.71	35.71	28.57	—	—	100
	數量	53,569	11,308	13,714	—	—	78,591	68.16	14.39	17.45	—	—	100
	價額	273,199	61,748	52,102	—	—	387,049	70.59	15.95	13.46	—	—	100
1932	工場數	3	4	4	—	—	11	27.27	36.36	36.36	—	—	100
	數量	23,901	5,042	9,012	—	—	37,955	62.97	13.28	23.74	—	—	100
	價額	102,988	27,170	26,685	—	—	156,843	65.66	17.32	17.01	—	—	100
1933	工場數	5	4	5	—	—	14	35.71	28.57	35.71	—	—	100
	數量	43,182	2,223	14,236	—	—	59,641	72.40	3.73	23.87	—	—	100
	價額	222,868	13,805	47,090	—	—	283,763	78.54	4.86	16.59	—	—	100

年別	項目	臺北州	高雄州	臺東廳	花蓮港廳	澎湖廳	合計	臺北州	高雄州	臺東廳	花蓮港廳	澎湖廳	合計
1934	工場數	4	2	6	—	—	12	33.33	16.67	50.00	—	—	100
	數量	79,088	1,792	9,306	—	—	90,186	87.69	1.99	10.32	—	—	100
	價額	346,010	11,106	51,182	—	—	408,298	84.74	2.72	12.54	—	—	100
1935	工場數	6	1	6	—	—	13	46.15	7.69	46.15	—	—	100
	數量	33,018	2,604	11,662	450	—	47,734	69.17	5.46	24.43	0.94	—	100
	價額	165,097	15,640	48,880	2,318	—	231,935	71.18	6.74	21.07	1.00	—	100
1936	工場數	5	3	4	—	—	12	41.67	25.00	33.33	—	—	100
	數量	42,287	4,804	11,817	—	—	58,908	71.78	8.16	20.06	—	—	100
	價額	214,100	29,985	47,268	—	—	291,353	73.48	10.29	16.22	—	—	100
1937	工場數	3	3	4	—	—	10	30.00	30.00	40.00	—	—	100
	數量	36,787	2,240	10,332	—	—	49,359	74.53	4.54	20.93	—	—	100
	價額	174,219	13,216	29,528	—	—	216,963	80.30	6.09	13.61	—	—	100
1938	工場數	3	3	2	—	1	9	33.33	33.33	22.22	—	11.11	100
	數量	—	851	10,759	—	30	11,640	—	7.31	92.43	—		100
	價額	—	6,477	54,393	—	66	60,936	—	10.63	89.26	—		100
1939	工場數	2	6	2	—	—	10	20.00	60.00	20.00	—	—	100
	數量	13,628	208	6,010	—	—	19,846	68.67	1.05	30.28	—	—	100
	價額	152,960	1,733	43,080	—	—	197,773	77.34	0.88	21.78	—	—	100
1940	工場數	2	1	3	—	—	6	33.33	16.67	50.00	—	—	100
	數量	11,349	3	7,559	—	—	18,911	60.01	0.02	39.97	—	—	100
	價額	192,150	38	63,533	—	—	255,721	75.14	0.01	24.84	—	—	100
1941	工場數	2	—	2	—	—	4	50.00	—	50.00	—	—	100
	數量	7,691	—	10,354	—	—	18,045	42.62	—	57.38	—	—	100
	價額	89,889	—	82,832	—	—	172,721	52.04	0.00	47.96	—	—	100
1942	工場數	2	1	2	—	—	5	40.00	20.00	40.00	—	—	100
	數量	—	400	11,897	—	—	12,297	—	3.25	96.75	—	—	100
	價額	—	980	95,176	—	—	96,156	—	1.02	98.98	—	—	100
1943	工場數	2	1	2	—	—	5	40.00	20.00	40.00	—	—	100
	數量	—	25	2,565	—	—	2,590	—	0.97	99.03	—	—	100
	價額	—	425	31,041	—	—	31,466	—	1.35	98.65	—	—	100

資料來源：依據《臺灣水產統計》各年度計算而得。

表6-13　1931-1943年各州廳惣田鰹節工場數與生產量價及其比例

（單位：貫、圓、％）

年別	項目	臺北州	高雄州	臺東廳	花蓮港廳	澎湖廳	合計	臺北州	高雄州	臺東廳	花蓮港廳	澎湖廳	合計
1931	工場數	17	—	14	18	8	57	29.82	0.00	24.56	31.58	14.04	100
	數量	22,915	965	24,496	45,600	374	94,350	24.29	1.02	25.96	48.33	0.40	100
	價額	24,468	372	45,932	62,105	966	133,843	18.28	0.28	34.32	46.40	0.72	100
1932	工場數	6	—	12	16	7	41	14.63	0.00	29.27	39.02	17.07	100
	數量	7,949	397	21,098	18,268	525	48,237	16.48	0.82	43.74	37.87	1.09	100
	價額	8,138	1,316	29,321	16,790	210	55,775	14.59	2.36	52.57	30.10	0.38	100
1933	工場數	7	—	10	20	—	37	18.92	0.00	27.03	54.05	0.00	100
	數量	5,873	1	39,431	13,598	—	58,903	9.97	0.00	66.94	23.09	0.00	100
	價額	12,631	4	71,516	26,934	—	111,085	11.37	0.00	64.38	24.25	0.00	100
1934	工場數	5	—	11	25	3	44	11.36	0.00	25.00	56.82	6.82	100
	數量	5,808	85	152,442	23,566	120	182,021	3.19	0.05	83.75	12.95	0.07	100
	價額	10,067	438	68,587	37,269	360	116,721	8.62	0.38	58.76	31.93	0.31	100
1935	工場數	9	—	14	12	1	36	25.00	0.00	38.89	33.33	2.78	100
	數量	4,293	—	11,727	11,114	30	27,164	15.80	0.00	43.17	40.91	0.11	100
	價額	6,816	—	17,675	20,955	140	45,586	14.95	0.00	38.77	45.97	0.31	100
1936	工場數	9	1	13	17	—	40	22.50	2.50	32.50	42.50	0.00	100
	數量	8,204	50	7,419	11,548	—	27,221	30.14	0.18	27.25	42.42	0.00	100
	價額	20,265	188	18,546	28,670	—	67,669	29.95	0.28	27.41	42.37	0.00	100
1937	工場數	5	—	15	9	—	29	17.24	0.00	51.72	31.03	0.00	100
	數量	15,772	—	16,721	2,595	—	35,088	44.95	0.00	47.65	7.40	0.00	100
	價額	14,898	—	35,408	4,383	—	54,689	27.24	0.00	64.74	8.01	0.00	100
1938	工場數	1	1	8	3	—	13	7.69	7.69	61.54	23.08	0.00	100
	數量	645	120	2,075	703	—	3,543	18.20	3.39	58.57	19.84	0.00	100
	價額	1,935	509	6,263	1,340	—	10,047	19.26	5.07	62.34	13.34	0.00	100
1939	工場數	3	2	8	9	—	22	13.64	9.09	36.36	40.91	0.00	100
	數量	1,171	36	4,675	5,654	—	11,536	10.15	0.31	40.53	49.01	0.00	100
	價額	3,912	255	16,362	19,331	—	39,860	9.81	0.64	41.05	48.50	0.00	100

第六章　臺灣鰹節製造業的發展 ❖ 185

年別	項目	臺北州	高雄州	臺東廳	花蓮港廳	澎湖廳	合計	臺北州	高雄州	臺東廳	花蓮港廳	澎湖廳	合計
1940	工場數	4	1	3	5	—	13	30.77	7.69	23.08	38.46	0.00	100
	數量	2,745	3	2,646	1,159	—	6,553	41.89	0.05	40.38	17.69	0.00	100
	價額	9,924	24	12,701	5,940	—	28,589	34.71	0.08	44.43	20.78	0.00	100
1941	工場數	7	—	3	4	—	14	50.00	0.00	21.43	28.57	0.00	100
	數量	5,000	—	514	882	—	6,396	78.17	0.00	8.04	13.79	0.00	100
	價額	15,000	—	2,827	5,496	—	23,323	64.31	0.00	12.12	23.56	0.00	100
1942	工場數	2	—	—	—	—	2	100.00	0.00	0.00	0.00	0.00	100
	數量	—	—	—	—	—	—	—	—	—	—	—	—
	價額	—	—	—	—	—	—	—	—	—	—	—	—
1943	工場數	3	—	—	—	—	3	100.00	0.00	0.00	0.00	0.00	100
	數量	2666	—	—	—	—	2,666	100.00	0.00	0.00	0.00	0.00	100
	價額	5000	—	—	—	—	5,000	100.00	0.00	0.00	0.00	0.00	100

資料來源：依據《臺灣水產統計》各年度計算而得。

表6-14　1931-1943年各州廳鰹節工場數與生產量價及其比例（單位：貫、圓、%）

年別	項目	臺北州	高雄州	臺東廳	花蓮港廳	澎湖廳	合計	臺北州	高雄州	臺東廳	花蓮港廳	澎湖廳	合計
1931	工場數	22	5	18	18	8	71	30.99	7.04	25.35	25.35	11.27	100
	數量	76,484	12,273	38,210	45,600	374	172,941	44.23	7.10	22.09	26.37	0.22	100
	價額	297,667	62,120	98,034	62,105	966	520,892	57.15	11.93	18.82	11.92	0.19	100
1932	工場數	9	4	16	16	7	52	17.31	7.69	30.77	30.77	13.46	100
	數量	31,850	5,439	30,110	18,268	525	86,192	36.95	6.31	34.93	21.19	0.61	100
	價額	111,126	28,486	56,006	16,790	210	212,618	52.27	13.40	26.34	7.90	0.10	100
1933	工場數	12	4	15	20	—	51	23.53	7.84	29.41	39.22	0.00	100
	數量	49,055	2,224	53,667	13,598	—	118,544	41.38	1.88	45.27	11.47	0.00	100
	價額	235,499	13,809	118,606	26,934	—	394,848	59.64	3.50	30.04	6.82	0.00	100
1934	工場數	9	2	17	25	3	56	16.07	3.57	30.36	44.64	5.36	100
	數量	84,896	1,877	161,748	23,566	120	272,207	31.19	0.69	59.42	8.66	0.04	100
	價額	356,077	11,544	119,769	37,269	360	525,019	67.82	2.20	22.81	7.10	0.07	100

年別	項目	臺北州	高雄州	臺東廳	花蓮港廳	澎湖廳	合計	臺北州	高雄州	臺東廳	花蓮港廳	澎湖廳	合計
1935	工場數	15	1	20	12	1	49	30.61	2.04	40.82	24.49	2.04	100
	數量	37,311	2,604	23,389	11,564	30	74,898	49.82	3.48	31.23	15.44	0.04	100
	價額	171,913	15,640	66,555	23,273	140	277,521	61.95	5.64	23.98	8.39	0.05	100
1936	工場數	14	4	17	17	—	52	26.92	7.69	32.69	32.69	0.00	100
	數量	50,491	4,854	19,236	11,548	—	86,129	58.62	5.64	22.33	13.41	0.00	100
	價額	234,365	30,173	65,814	28,670	—	359,022	65.28	8.40	18.33	7.99	0.00	100
1937	工場數	8	3	19	9	—	39	20.51	7.69	48.72	23.08	0.00	100
	數量	52,559	2,240	27,053	2,595	—	84,447	62.24	2.65	32.04	3.07	0.00	100
	價額	189,117	13,216	64,936	4,383	—	271,652	69.62	4.87	23.90	1.61	0.00	100
1938	工場數	4	4	10	3	1	22	18.18	18.18	45.45	13.64	4.55	100
	數量	645	971	12,834	703	30	15,183	4.25	6.40	84.53	4.63	0.20	100
	價額	1,935	6,986	60,656	1,340	66	70,983	2.73	9.84	85.45	1.89	0.09	100
1939	工場數	5	8	10	9	—	32	15.63	25.00	31.25	28.13	0.00	100
	數量	14,799	244	10,685	5,654	—	31,382	47.16	0.78	34.05	18.02	0.00	100
	價額	156,872	1,988	59,442	19,331	—	237,633	66.01	0.84	25.01	8.13	0.00	100
1940	工場數	6	2	6	5	—	19	31.58	10.53	31.58	26.32	0.00	100
	數量	14,094	6	10,205	1,159	—	25,464	55.35	0.02	40.08	4.55	0.00	100
	價額	202,074	62	76,234	5,940	—	284,310	71.08	0.02	26.81	2.09	0.00	100
1941	工場數	9	—	5	4	—	18	50.00	0.00	27.78	22.22	0.00	100
	數量	12,691	—	10,868	882	—	24,441	51.93	0.00	44.47	3.61	0.00	100
	價額	104,889	—	85,659	5,496	—	196,044	53.50	0.00	43.69	2.80	0.00	100
1942	工場數	4	1	2	—	—	7	57.14	14.29	28.57	0.00	0.00	100
	數量	—	400	11,897	—	—	12,297	0.00	3.25	96.75	0.00	0.00	100
	價額	—	980	95,176	—	—	96,156	0.00	1.02	98.98	0.00	0.00	100
1943	工場數	5	1	2	—	—	8	62.50	12.50	25.00	0.00	0.00	100
	數量	2,666	25	2,565	—	—	5,256	50.72	0.48	48.80	0.00	0.00	100
	價額	5,000	425	31,041	—	—	36,466	13.71	1.17	85.12	0.00	0.00	100

資料來源：依據《臺灣水產統計》各年度計算而得。

三　鰹節製造業之資本及其貿易權

　　從表6-11不難看出，真鰹節工場主要由日本人投資，惣田鰹節工場則係臺灣人為主要投資者。筆者曾撰文說明在臺灣水產輸出貿易（按：對外國貿易）中，鹹魚等水產品之輸出以臺資輸出業者居多，例如組成「鹽魚組」的謝裕記商行、臺灣海陸物產株式會社、利記公司、陳裕豐商店、義合成公司、陳泰成公司，皆為基隆市有影響力的海產物商。惟鮮魚輸出業者似以日資為主，例如基隆的明比實平，然而葉獅商會也有他的實力與影響力；而在高雄鮮魚輸出業者，臺資與日資甚至不分軒至。林滿紅教授曾在探討日治時期臺灣資本在兩岸貿易的角色時說：「日本佔領臺灣以後，日本資本之參與兩岸貿易，最重要的是掌握兩岸航權，其次為日本政府本身及日商到對岸投資，兼做貿易。在這過程中日本政府、商人對臺商之兩岸經貿活動固然有其影響，但日商未取得絕對優勢，而留給臺商若干經營的空間。」[34]

　　或許在臺灣水產輸出貿易中臺商有若干經營的空間，然而在臺灣的移出入貿易（對日貿易）中似乎就比較沒有經營的空間，至少就鰹節來說似乎是如此。鰹節為臺灣最重要水產移出貿易商品（參見表6-15），移出至日本的鰹節商品貿易權自然在日商手上，例如位於基隆市的松下英吉商店、鳥越清七商店，臺北市的小野原孫一商店、桑田剛助商店，而在日本主要交易商則皆為日商（參見表6-16及表6-17）。

---

34 王俊昌，〈日治時期臺灣的水產輸出入貿易（1901-1940）〉，收錄於黃麗生主編，《東亞海域與文明交會》（基隆市：國立臺灣海洋大學海洋文化研究所，2008年），頁339。林滿紅，〈臺灣資本與兩岸經貿關係（1895-1945）〉，收錄於宋光宇主編，《臺灣經驗（一）──歷史經濟篇》（臺北市：東大圖書公司，1993年），頁116。

表6-15　1897-1943年重要水產移出貿易商品比例

項目\年別	鰹節	石花菜	鮮魚介	其他	年別	鰹節	石花菜	鮮魚介	其他
1897	－	96.67	－	3.33	1921	79.83	0.96	13.70	5.51
1898	－	100.00	－	0.00	1922	81.40	1.53	12.46	4.61
1899	－	99.86	－	0.14	1923	72.83	2.66	18.64	5.88
1900	－	99.73	－	0.27	1924	74.63	1.88	16.62	6.88
1901	1.40	96.85	－	1.75	1925	64.00	5.28	26.20	4.53
1902	－	99.78	－	0.22	1926	61.17	4.12	26.62	8.09
1903	－	99.82	－	0.18	1927	48.00	1.11	40.78	10.11
1904	－	100.00	－	0.00	1928	44.86	1.19	42.72	11.22
1905	3.02	95.26	－	1.72	1929	36.89	2.21	49.70	11.20
1906	6.47	91.72	－	1.81	1930	24.50	1.66	64.47	9.37
1907	20.09	77.03	－	2.88	1931	23.54	2.80	65.79	7.87
1908	35.36	59.75	－	4.90	1932	15.36	2.26	74.12	8.25
1909	43.87	52.55	－	3.58	1933	18.16	1.56	77.49	2.80
1910	64.57	32.75	－	2.68	1934	14.61	1.61	79.59	4.18
1911	46.27	50.89	－	2.84	1935	9.39	1.57	79.29	9.75
1912	69.46	28.07	－	2.46	1936	5.96	1.50	72.34	20.20
1913	70.07	26.66	－	3.27	1937	4.96	1.85	74.20	18.98
1914	67.09	27.58	－	5.33	1938	2.65	2.25	65.92	29.17
1915	81.21	14.53	－	4.25	1939	3.38	3.93	78.11	14.59
1916	83.37	14.69	－	1.93	1940	1.29	4.07	77.47	17.17
1917	85.18	12.36	－	2.46	1941	4.00	1.71	72.44	21.85
1918	91.74	7.40	－	0.87	1942	－	10.63	－	89.37

項目 年別	鰹節	石花菜	鮮魚介	其他	年別	鰹節	石花菜	鮮魚介	其他
1919	94.63	2.20	—	3.17	1943	—	—	—	100.00
1920	75.96	1.47	—	22.58	平均	34.71	30.76	24.01	10.52

資料來源：根據《臺灣外國貿易年表》，明治34年至大正6年、《臺灣貿易年表》，大正7年至昭和17年、以及臺灣總督府農商局水產課，《昭和十八年臺灣水產統計》計算得來。

表6-16 臺灣產鰹節移出商

地點		商店
基隆市	新店105	松下英吉商店
	哨船頭197	鳥越清七商店
臺北市	榮町四丁目	小野原孫一商店
	木町二丁目	桑田剛助商店

資料來源：兒玉政治，《臺灣產鰹節ニ就テ》，頁69。

表6-17 臺灣產鰹節日本主要交易商

地點		商店
東京	日本橋區本船町	山崎彌兵衛商店
	日本橋區本船町	虎三商店
	日本橋區小船町	籾山商店
	日本橋區小船町	阿部長兵衛商店
	日本橋區瀨戶物町	株式會社高津商店
大阪	西區靱中通二丁目	村瀨虎之輔商店
	西區靱中通二丁目	小林鹿藏商店
	西區靱中通二丁目	北伊商店

地點		商店
大阪	西區靭中通二丁目	三木喜裕商店
	西區靭中通二丁目	島雄龍藏商店
	西區靭中通二丁目	富士榮二郎商店
	西區靭中通五丁目	泉仁三郎商店
	西區靭北通四丁目	耳塚良輔商店
	西區新町南通二丁目	加茂貞治郎商店
名古屋	西區小鳥町	大彥商店
	西區東園町	大島建太郎商店
靜岡	燒津町	清水善六商店
	燒津町	八木合名會社
	燒津町	村松善八商店
京都	高倉綿市場	堀尾商店
	錦之店高倉通	川崎吉三郎商店
	錦之店高倉通	松尾利三郎商店
神戶	本町通湊川市場	中尾辰藏商店
福岡	西町	濱田商店
博多	橫町	立石商店

資料來源：兒玉政治，《臺灣產鰹節ニ就テ》，頁66-68。

小結

　　日本領臺之初，對臺灣周圍海域可說陌生，因此若要開發臺灣水產資源，必須施行水產調查與水產試驗，惜臺灣總督府從地方稅勸業費中分配給地方施行，成效有限。明治42年（1909）8月10日，農商務省派遣水產局技師下啟助和水產講習所技師妹尾秀實來臺調查，同

時也對其他水產進行精密調查,總督府殖產局也依據其調查報告決定漁業改善方針,並從該年度新方針施行各種漁業改善之外,另聽取下啟助和妹尾秀實的意見,自明治43年(1910)起,開始編列水產試驗費等之國庫預算,建立由總督府直營的試驗制度,並與日本漁業基本調查及日本海洋漁業聯絡試驗納為一體。

　　明治43年(1910)可謂日治時期臺灣水產業發展史的重要一年,該年起除了總督府開始編列水產試驗費之國庫預算外,亦設立獨立的水產行政機關－民政部殖產局商工課水產股,同年臺灣也開始真正有動力漁船加入捕撈行列(鰹漁業開始)。我們利用 North 的「制度分析法」進行迴歸分析,說明了自明治35年至昭和18年(1902-1943),臺灣水產總產值有49.32%受到明治43年(1910)相關水產政策與施設的影響,當然包括對鰹漁業及其鰹節製造業的發展帶來正面貢獻。

　　長期精密的趨勢分析,通常採用「半對數迴歸分析法」,無論鰹漁業或鰹節製造業波動幅度不穩定,因此以爆發世界經濟大恐慌的昭和4年(1929)為分界點,在鰹漁業方面,鰹釣漁業與鰹待網漁業中,真鰹魚與惣田鰹魚產量在大正5年(1916)至昭和4年(1929)年均成長率分別為9.30%、8.46%,昭和5年(1930)至昭和18年(1943)年均成長率則分別為-11.16%、0.63%。在鰹節製造業上,真鰹節與惣田鰹節產量在明治43年(1910)至昭和4年(1929)年均成長率分別為17.51%、19.77%,昭和5年(1930)至昭和18年(1943)年均成長率則分別為-20.86%、-29.62%。

　　鰹節產量在昭和4年(1929)以前呈增長趨勢,與總督府臺籍削鰹節女工養成計畫的關聯性有關,我們仍利用 North 的「制度分析法」進行迴歸分析,得出在昭和4年(1929)以前,養成計畫與真鰹節生產量有51.38%相關聯,與惣田鰹節生產量相關聯性則為24.56%。而成立臺灣總督府鰹節製造試驗所與真鰹節生產量有50.61%的關聯性,與

惣田鰹節生產量更達69.67%的關聯性，此一迴歸分析統計數字也反應出1920年代臺灣鰹節製造業的高峰，1930年代趨向沒落的事實。

　　鰹節工場所在位置，以真鰹節工場來說，以臺北州的基隆市為重鎮，畢竟基隆市為鰹釣漁業的根據地，即使高雄州的高雄市真鰹節工場有所增加，但其產量仍不敵基隆市。而隨著東部鰹待網漁業的發展，東部的臺東廳與花蓮港廳的鰹節工場大增，甚至超過其他州廳。

　　至於鰹節製造業者之資本，在真鰹節工場主要由日本人投資，惣田鰹節工場則係臺灣人為主要投資者。而鰹節為臺灣出口至日本最重要水產品，因此鰹節貿易權掌控在日本人手上，不像出口至外國的鹽魚或鮮魚，臺商還有經營的空間。

第七章
結語

　　有關臺灣產業史的研究成果相當豐碩,惟漁業史仍有很大的研究空間,所幸近年來已確實看到不錯的研究主題與成果。本書主要是利用定性定量並重分析法,跳脫一般傳統經濟史研究窠臼,探討日本時代臺灣水產關聯產業如何發展及其對當時臺灣水產業所做出的貢獻。

　　由於漁業活動深受自然環境、生物環境、以及社會經濟環境三方面的影響,人們為改善漁業環境乃需修築漁港以便利漁船作業,或投置人工魚礁吸引魚群,或發明各種漁具以便增加漁獲量,或建造大型漁船以擴大漁場範圍。[1]其中修築漁港為發展水產業最重要的基礎建設,由於漁港的功用不外是提供漁船停泊、避風、裝卸漁貨與漁船所需物資補給及水產品加工保藏等,因此漁港亦需要完善的港口設施相配合,以利漁船作業。而漁港此一基礎建設,當可發揮上游關聯效果。

　　在關聯產業的此一基礎建設方面,說明北南兩個重要漁港基隆漁港與高雄漁港。在基隆漁港方面,隨著基隆港商務的繁忙、以及漁業的開展,一方面因為港區商、漁船輻湊,險象環生,有失一個做為國際商港的名聲,另一方面由於漁業的發展,位於港內的三沙灣漁港不夠碇泊,因此臺灣總督府在第四期築港工程中,即以港灣整理為目的,將漁港移轉至八尺門、社寮島一帶,如此一來不僅可促使水產業進一步的飛躍,也促進基隆港灣效率的發揮與港灣機能統制的完整。

1　李明燕,《臺灣北端漁港及漁業活動的發展》(臺北市:國立臺灣師範大學地理研究所碩士論文,1984年),頁38。

臺灣總督府負責基隆漁港的興建，至於漁港的陸上設備例如水產館、魚市場、倉庫、漁業無線局……以及八尺門船澳等則由臺北州來完成，基隆市役所則負責興建市營漁民住宅。

至昭和9年（1934）基隆漁港竣工，三沙灣漁港同年7月1日起正式移轉至基隆漁港，相關漁業機構、漁民、漁船亦必須搬遷，與漁業相關業者亦主動將其事業移轉至基隆漁港區，臺北州及臺灣總督府水產試驗場與水產學校亦前後設置在此，漁業產業聚落可謂形成，基隆人俗稱這一地方叫「水產」，而此一漁業產業聚落之經濟效益透過迴歸分析可知，在漁港完工之際尚未彰顯，惟至昭和13年（1938）56.49%經濟效益已大幅增長，至昭和14年（1939）更高達77.31%。

在高雄漁港方面，高雄港是南臺灣唯一的良港，控扼南支南洋廣大的良好漁場，賦有日本漁業南進策源地的使命。再加上南部漁業的逐漸發展，漁港機能實際需求與日俱增，尤其是1920年代中期以來，因為發動機漁船的勃興，鮪魚、旗魚延繩釣漁業，逐年急增，愈顯發達，日本來的漁業者多，加上臺灣人漁業者對該漁業是有利可圖而覺醒，從竹筏、中國型船漁業轉至該漁業者激增。

日臺資本家亦以高雄為中心的水產業愈來愈多，鰹巾著網漁業、機船底曳網漁業及汽船拖網漁業等新規漁業，漸次計畫與展開。因此，高雄漁港的興建成為當務之急。高雄漁港興建於昭和2年（1927）7月，昭和3年（1928）3月漁港碼頭工程完工，陸上設備則於昭和4年（1929）完成。高雄漁港興建及其前身哨船頭船渠的設置，確實帶來漁業的成長，大正2年至昭和16年（1913-1941）年均成長率13.32%，高雄漁港完工昭和3年至昭和16年（1928-1941）年均成長率則有7.44%。為了要擴張以高雄為據點的水產業所做的水產試驗，包括母船式鯛延繩漁業、鮪旗魚延繩、淺海利用等試驗、以及鰹魚場試驗調查，皆有不錯的成績。以昭和12年（1937）5月高雄港動力漁船從事漁

業之種類，以延繩釣151艘最多，可見成效。

　　至於高雄漁港的興建雖未像基隆漁港設置後形成漁業聚落，但主要地點還是集中在高雄漁港兩旁的哨船頭町、湊町與新濱町，51.51%店家在高雄漁港興建後才在此營業，說明高雄漁港興建確實帶來水產相關產業的進駐，也吸引大型株式會社例如日本水產株式會社、株式會社林兼商店、拓洋水產株式會社以高雄為基地，拓展南方漁場，做為南進水產業者的堅實後盾，無論在補給或運銷上。此外，運輸機關鐵道與航運的冷藏設施的改善，使鮮魚介的銷路更加通暢。至於高雄漁港的興建對於高雄漁獲量達到多少經濟效益，經迴歸分析得到76.50%高正相關的經濟效益，與基隆漁港不相上下。

　　在上游關聯產業方面——製冰冷藏業：臺灣水產業在1920年代中、後期開始，有了明顯的成長。成長原因很多，除了臺灣總督府及地方州廳的水產試驗、水產獎勵、水產協力機關的輔導，以及動力化漁船的普及等因素外，做為其關聯產業的製冰冷藏業亦帶來一定的影響。在製冰業方面，雖歷經新高製冰株式會社與日東製冰株式會社獨占時期，惟至1924年後，進入百家爭鳴年代，而此時水產業正快速成長中，若進一步利用「制度分析法」進行迴歸分析，其對漁獲額及鮮魚出口量分別有53.03%、70.27%的關聯性。在冷藏業方面，雖然在1910年代已有冷藏貨車與冷藏漁船的使用，但真正影響水產業的還是在1920年代設置漁業用冷藏庫，若進一步利用迴歸分析，其對漁獲額及鮮魚出口量則分別有53.10%、85.76%的關聯性。透過數量方法，皆可看出製冰冷藏業對水產業所帶來的影響與貢獻。

　　在上游關聯產業方面－動力化漁船製造業：要獲得更大漁獲量，從沿岸漁業擴張至近海漁業與遠洋漁業為必然之趨勢，而這趨勢更取決於動力化漁船的發展。19世紀後期日本海域常被歐美國家侵入盜捕，日本為杜絕此一情況、以及為了擴展漁場，遂公布《遠洋漁業獎

勵法》,除了獎勵汽船、帆船外,使用新式石油發動機的漁船也受到補助。獎勵法的實施,結果是漁場面積擴大,比獎勵法制訂前大十數倍之多。漁獲量亦復如是。此一遠洋漁業獎勵讓漁場擴張及漁獲量大增的「日本經驗」,臺灣公私部門都瞭解其重要性。因此從1910年臺灣總督府開始編列水產試驗費、水產調查費及獎勵費之國庫預算,進行漁業獎勵,包括動力化漁船的獎勵。而每增加1艘動力化漁船數,漁獲額就會增加19,756.83圓。而漁獲額的變動,則有70.82%是受到動力化漁船數的影響。

　　動力化漁船的製造以往都是在日本製造,再回航臺灣,1920年有轉向基隆建造的趨勢,代表臺灣造船品質有一定的水準。日治時期有關臺灣漁船修造船工場數及其規模,無論在工場數及其規模來說,大致呈增長趨勢。1929年全臺計有23間,職工數有543名,1935年雖增加為29間,惟職工數則擴增至752名,增加38.49%。至1938年為35間,職工數1,050名,皆達最高峰,且主要經營者為日本人。

　　在石油發動機修理業方面,昭和4年(1929)計有14間鐵工所／鐵工場經營石油發動機的修理,隨著臺灣漁業的發展,除了修造船場增加之外,石油發動機修理業的鐵工所亦有所增加,至昭和14年(1939)計有23間,相較於昭和4年(1929)增加9間,增加64.29%,且主要經營者為臺灣人。

　　在下游關聯產業方面,我們以臺灣鰹節製造業為例,有關長期精密的趨勢分析,通常採用的是「半對數迴歸分析法」,無論鰹漁業或鰹節製造業波動幅度皆不穩定,因此以爆發世界經濟大恐慌的昭和4年(1929)為分界點,在鰹漁業方面,鰹釣漁業與鰹待網漁業中,真鰹魚與惣田鰹魚漁獲量在大正5年(1916)至昭和4年(1929)年均成長率分別為9.30%、8.46%,昭和5年(1930)至昭和18年(1943)年均成長率則分別為-11.16%、0.63%。在鰹節製造業上,真鰹節與惣田

鰹節產量在明治43年（1910）至昭和4年（1929）年均成長率分別為17.51%、19.77%，昭和5年（1930）至昭和18年（1943）年均成長率則分別為-20.86%、-29.62%。

鰹節產量在昭和4年（1929）以前呈增長趨勢，與臺灣總督府臺籍削鰹節女工養成計畫的關聯性有關，我們仍利用 North 的「制度分析法」進行迴歸分析，得出在昭和4年（1929）以前，養成計畫與真鰹節生產量有51.38%相關聯，與惣田鰹節生產量相關聯性則為24.56%。而成立臺灣總督府鰹節製造試驗所與真鰹節生產量有50.61%的關聯性，與惣田鰹節生產量更達69.67%的關聯性，此一迴歸分析統計數字也反應出1920年代臺灣鰹節製造業的高峰，1930年代趨向沒落的事實。

鰹節工場所在位置，以真鰹節工場來說，以臺北州的基隆市為重鎮，畢竟基隆市為鰹釣漁業的根據地，即使高雄州的高雄市真鰹節工場有所增加，但其產量仍不敵基隆市。而隨著東部鰹待網漁業的發展，東部的臺東廳與花蓮港廳的鰹節工場大增，甚至超過其他州廳，惟主要是惣田鰹節工場居多。

至於鰹節製造業者之資本，在真鰹節工場主要由日本人投資，惣田鰹節工場則係臺灣人為主要投資者。而鰹節為臺灣出口至日本最重要水產加工製品，因此鰹節貿易權掌控在日本人手上，不像出口至外國的鹽魚或鮮魚，臺商還有經營的空間。

任何漁業活動都需要投資，漁業投資與其他產業一樣，都有加乘作用。漁業投資本身除可創造就業機會，增加生產力，尚可帶動其關聯產業的發展，例如修造船業、製冰及冷藏業、機械及航儀製造業、漁具製造業、物資補給及金融服務業、飼料加工業、漁產加工（水產製造）及運銷業。漁業發展由其本身及所帶動的關聯產業所形成的經

濟體系，對一個國家的整體經濟發展皆有很大的貢獻。[2]

　　有關水產關聯產業，本書先針對上游關聯的基礎建設基隆漁港與高雄漁港、上游關聯產業製冰冷藏業、動力化漁船製造業、以及下游關聯產業鰹節製造業進行論述，說明其對臺灣水產業發展所帶來的貢獻。日後，筆者將在日治時期臺灣漁業史的研究道路上，持續針對其他水產關聯產業進行探討，例如水產金融業、水產罐頭製造業，珊瑚漁業發展及其製造業等議題，期能對日治時期臺灣漁業史、或臺灣海洋史、或臺灣產業史、或臺灣新經濟史（按：計量經濟史）做出更多研究成果。

2　盧向志，《細說漁業》（基隆市：國立海洋科技博物館籌備處，2000年），頁43。

參考書目

一　中文部份

（一）專著

中興大學歷史學系主編,《史學專業課程教學研討會論文集》,臺中市:中興大學歷史學系,1994年。

內藤春吉、許冀武編著,《臺灣漁業史》,臺北市:臺灣銀行,1957年,臺灣研究叢刊第42種。

王崧興,《龜山島──漢人漁村社會之研究》,臺北市:中央研究院民族學研究所,1967年。

王　鍵,《日據時期臺灣總督府經濟政策研究（1895-1945）》,北京市:社會科學文獻出版社,2009年。

何權濠等著,《海門漁帆──基隆漁業發展專輯》,基隆市:基隆市立文化中心,1986年。

吳聰敏等編,《日本時代臺灣經濟統計文獻目錄》,臺北市:國立臺灣大學經濟學系,1995年修訂本。

李文環等著,《高雄港都首部曲－哈瑪星》,高雄市:高雄市文化局,2015年。

李明仁、江志宏,《東北角漁村的聚落和生活》,臺北縣:臺北縣立文化中心,1995年。

李國添,《基隆市志・經濟志・漁業篇》,基隆市:基隆市政府,2002年。

林玉茹、李毓中編著,《戰後臺灣的歷史學研究1945-2000・第七冊
　　　《臺灣史》,臺北市:行政院國家科學委員會,2004年。
金成前纂修,《臺灣省通誌・經濟志・水產篇》,臺北市:臺灣省文獻
　　　委員會,1969年。
洪紹洋,《近代臺灣造船業的技術轉移與學習》,臺北市:遠流出版事
　　　業公司,2011年。
胡興華,《拓漁臺灣》,臺北市:臺灣省漁業局,1996年。
胡興華,《海洋臺灣》,臺北市:行政院農業委員會漁業署,2002年。
胡興華,《話漁臺灣》,臺北市:行政院農業委員會漁業署,2000年。
胡興華,《臺灣漁會譜》,臺北市:臺灣省漁業局,1998年。
胡興華,《躍漁臺灣》,臺北市:行政院農業委員會漁業署,2004年。
高育仁等編纂,《重修臺灣省通志・經濟志・漁業篇》,臺中市:臺灣
　　　省文獻委員會,1993年。
陳立台,《南寮漁村史》,新竹市:新竹市立文化中心,1998年。
陳憲明等著,《崁仔頂──魚行與社群文化》,基隆市:基隆市立文化
　　　中心,1998年。
楊　豫,《西洋史學史》,臺北市:雲龍出版社,1998年。
葉屏侯纂修,《臺灣省通志稿・經濟志・水產篇》,臺北市:臺灣省文
　　　獻委員會,1955年。
臺灣經濟研究室編輯,《臺灣之水產資源》,臺北市:臺灣銀行,1951
　　　年,臺灣研究叢刊第13種。
臺灣經濟研究室編輯,《臺灣漁業之研究》,臺北市:臺灣銀行,1974
　　　年,臺灣研究叢刊第112種。
劉松樹編纂,《基隆市志・漁業篇》,基隆市:基隆市政府,1986年。
盧向志,《細說漁業》,基隆市:國立海洋科技博物館籌備處,2000年。

（二）期刊論文

王俊昌，〈日治時期社寮島的漁業發展與漁民生活〉，《海洋文化學刊》第26期，2019年6月。

王俊昌，〈基隆市八斗子魚寮文化及其文創商品設計〉，《海洋文化學刊》第28期，2020年6月。

李宗信，〈日治時代小琉球的動力漁船業與社會經濟變遷〉，《臺灣文化研究所學報》第2期，2005年1月。

周憲文，〈日據時代臺灣水產經濟〉，《臺灣銀行季刊》第9卷第4期，1959年12月。

林玉茹，〈殖民與產業改造——日治時期東臺灣的官營漁業移民〉，《臺灣史研究》第7卷第2期，2000年12月。

林玉茹，〈進口導向：十九世紀臺灣海產的生產與消費〉，《臺灣史研究》第25卷第1期，2018年3月。

林玉茹，〈戰時經濟體制下臺灣東部水產業的統制整合——東臺灣水產會社的成立〉，《臺灣史研究》第6卷第1期，1999年6月。

范毅軍，〈學人簡介——王業鍵先生〉，《近代中國史研究通訊》第22期，1996年9月。

唐傳泗，〈關於中國近代經濟史研究的計量問題〉，《中國近代經濟史研究資料（3）》，上海市，1985年5月。

莊育鯉，〈地域特色產業形象再造——以基隆和平島平寮里石花凍包裝設計為例〉，《海洋文化學刊》第27期，2019年12月。

陳仁義、王業鍵，〈統計學在歷史研究上的應用〉，《興大歷史學報》第15期，2004年10月。

曾齡儀，〈日治時期基隆的鰹節（柴魚）產業〉，《中國飲食文化》第19卷第2期，2023年10月。

曾齡儀，〈近代臺灣柴魚的生產與消費：以臺東為核心〉，《民俗曲藝》第219期，2023年3月。

游智勝，〈從大港集中邁向小港分散：1930年代臺灣總督府築港政策轉變之背景〉，《臺灣文獻》第65卷3期，2014年9月。

黃于津，〈日治時期高雄市原鼓山魚市場初探〉，《高雄文獻》第10卷第2期，2020年12月。

葉淑貞，〈臺灣「新經濟史」研究的新局面〉，《經濟論文叢刊》第22卷第2期，1994年6月。

劉碧株，〈日治時期高雄港的港埠規劃與空間開發〉，《成大歷史學報》第52期，2017年6月。

劉碧株，〈日治時期鐵道與港口開發對高雄市區規劃的影響〉，《國史館館刊》第47期，2016年3月。

戴寶村，〈臺灣海洋史的新課題〉，《國史館館刊》復刊第36期，2004年6月。

（三）專書論文

中村孝志著、北叟譯，〈荷蘭時代臺灣南部之鯔漁業〉，收錄於吳密察、翁佳音編，《荷蘭時代臺灣史研究（上卷）概說・產業》，臺北市：稻鄉出版社，1997年。

王俊昌，〈日治時期臺灣的水產輸出入貿易（1901-1940）〉，收錄於黃麗生主編，《東亞海域與文明交會》，基隆市：國立臺灣海洋大學海洋文化研究所，2008年。

朱德蘭，〈日據時期長崎華商泰益號與基隆批發行之間的貿易〉，收錄於張彬村、劉石吉主編，《中國海洋發展史論文集（第5輯）》，臺北市：中央研究院中山人文社會科學研究所，1993年。

朱德蘭，〈日據時期臺灣與長崎之間的貿易：以海產品雜貨貿易為

例〉，收錄於賴澤涵、于子橋主編，《臺灣與四鄰論文集》，桃園縣：國立中央大學歷史研究所，1998年。

朱德蘭，〈基隆社寮島の沖繩人集落〉，收錄於上里賢一、平良妙子編，《東アジアの文化と琉球・沖繩：琉球／沖繩・日本・中國・越南》，東京都：彩流社，2010年。

朱德蘭，〈基隆社寮島的石花菜與琉球人的村落（1895-1945）〉，收錄於《第11回琉中歷史關係國際學術會議論文集》，沖繩：琉球中國關係國際學術會議，2008年。

林滿紅，〈臺灣資本與兩岸經貿關係（1895-1945）〉，收錄於宋光宇主編，《臺灣經驗（一）——歷史經濟篇》，臺北市：東大圖書公司，1993年。

陳世芳，〈日治時期臺灣總督府水產南進政策——以在菲律賓之發展為例〉，收錄於蕭碧珍、石瑞彬編輯，《第12屆臺灣總督府檔案學術研討會論文集，南投縣：國史館臺灣文獻館，2023年。

陳凱雯，〈日治時期南方澳漁港之興建〉，收錄於林正芳主編，《2021南方澳漁港百週年國際學術研討會專輯》，宜蘭縣：宜蘭縣立蘭陽博物館，2021年。

梁潤生，〈光復以前臺灣之水產業〉，收錄於臺灣經濟研究室編輯，《臺灣之水產資源》，臺北市：臺灣銀行，1951年，臺灣研究叢刊第13種。

蔡昇璋，〈1930-1940年代臺灣總督府與日商企業集團南進環中國海的漁業活動〉，收錄於蕭碧珍、石瑞彬編輯，《第12屆臺灣總督府檔案學術研討會論文集》，南投縣：國史館臺灣文獻館，2023年。

蔡錦堂撰，〈《臺灣日日新報》〉，《臺灣文化事典》，臺北市：臺灣師大人文教育中心，2004年。

（四）學位論文

王俊昌，〈日治時期臺灣水產業之研究〉，嘉義縣：國立中正大學歷史學系博士論文，2006年。

王柏山，〈臺灣水產養殖業之區域發展——型態、過程與機制〉，臺北市：國立臺灣師範大學地理學系博士論文，1998年。

江麗英，〈彰化縣沿海地區養殖漁業的發展過程〉，臺北市：國立臺灣師範大學地理學研究所碩士論文，1991年。

吳沛穎，〈日治時期基隆漁港產業聚落空間的構成〉，臺北市：國立臺北藝術大學建築與文化資產研究所，2018年。

吳福蓮，〈小琉球漁村婦女家庭生活的研究〉，臺北市：國立臺灣大學考古人類學研究所碩士論文，1989年。

吳麗玲，〈南方澳漁業聚落的形成與社區整合〉，臺北市：國立臺灣師範大學地理學研究所碩士論文，1994年。

呂月娥，〈日治時期基隆港口都市形成歷程之研究〉，桃園縣：中原大學建築研究所碩士論文，2001年。

李明燕，〈臺灣北端漁港及漁業活動的發展〉，臺北市：國立臺灣師範大學地理學研究所碩士論文，1984年。

李淑芬，〈日本南進政策下高雄建設〉，臺南市：國立成功大學歷史研究所碩士論文，1995年。

卓輝星，〈臺灣漁村地區生活環境品質之研究〉，臺灣大學農業經濟研究所碩士論文，1992年。

徐君臨，〈臺灣東部漁民漁場認知與漁撈活動研究〉，臺北市：國立臺灣大學地理學研究所碩士論文，1988年。

張怡玲，〈基隆批發機能魚市場的形成及其空間結構〉，臺北市：國立臺灣師範大學地理學研究所碩士論文，1997年。

梁雅惠,〈日本統治臺灣時期漁船遭難之研究〉,桃園縣:國立中央大學歷史研究所碩士論文,2013年。

陳凱雯,〈日治時期基隆的都市化與地方社會〉,桃園縣:國立中央大學歷史研究所碩士論文,2005年。

陳凱雯,〈日治時期基隆築港之政策、推行與開展(1895-1945)〉,嘉義縣:國立中正大學歷史研究所博士論文,2014年。

陳德智,〈日治時期臺灣總督府海洋漁業調查試驗事業之研究〉,臺北市:國立臺灣師範大學歷史學系博士論文,2019年。

曾瑪莉,〈澎湖漁村宗教功能之分析研究——外垵漁村之田野調查〉,臺北市:文化大學民族與華僑研究所碩士論文,1983年。

游博婷,〈臺灣西部中區魩鱙漁業的資源特性〉,臺北市:國立臺灣大學漁業科學研究所碩士論文,1994年。

黃馨瑩,〈日治初期水產政策的推動:水產博覽會對臺灣水產業的影響(1895-1910)〉,臺北市:國立臺灣師範大學歷史學系碩士論文,2011年。

劉碧株,〈日治時期高雄的港埠開發與市區規劃〉,臺南市:國立成功大學建築研究所博士論文,2017年。

蔡昇璋,〈興策拓海:日治時代臺灣的水產業發展〉,臺北市:國立政治大學台灣史研究所博士論文,2017年。

戴寶村,〈近代臺灣港口之市鎮發展——清末至日據時期〉,臺北市:國立臺灣師範大學歷史學系博士論文,1987年。

謝濬澤,〈國家與港口發展——高雄港的建構與管理(1895-1975)〉,南投縣:國立暨南國際大學歷史學系碩士論文,2008年。

(五)會議論文

陳德智,〈帝國/殖民地的海洋——日治時期臺灣海洋調查及漁業試驗之研究〉,發表於2016年11月25日至26日臺北大學舉辦

「秩序、治理、產業──近年東亞政經發展脈絡的再檢視」國際學術工作坊。

二　外文部份

（一）檔案

「水產調查復命書」（1896-04-01），〈明治二十八年至明治二十九年臺南縣公文類纂永久保存第十五卷內務門殖產部〉，《臺灣總督府檔案・舊縣公文類纂》，國史館臺灣文獻館，典藏號：00009678011。

「高雄漁港施設費資金借入金額減額ノ件」，〈昭和三年國庫補助永久保存第七卷地方〉，《臺灣總督府檔案・國庫補助永久保存書類》，國史館臺灣文獻館，典藏號：00010550001。

「旗後及塩定埔內地人買收地調書及附錄（元臺南縣）」（1897-09-01），〈明治三十年臺南縣公文類纂永久保存第一三〇卷稅務門賦稅部〉，《臺灣總督府檔案・舊縣公文類纂》，國史館臺灣文獻館，典藏號：00009789017。

「打狗海面埋立地台灣地所建物株式會社許可ノ分拂下處分報告（臺南廳其外）」（1913-04-01），〈大正二年臺灣總督府公文類纂永久保存第三十五卷地方〉，《臺灣總督府檔案・總督府公文類纂》，國史館臺灣文獻館，典藏號：00002122002。

「昭和十三年十二月參考資料ノ二臺灣拓殖株式會社關係會社一覽ノ二（設立申請中及設立豫定ノ份）」（1938-01-01），〈昭和十三年十二月參考資料二臺灣拓殖株式會社關係會社一覽二（設立申請中及設立豫定ノ分）文書課〉，《臺灣拓殖株式會社》，國史館臺灣文獻館，典藏號：00200181001。

〈昭和十五年七月末現在臺拓關係會社設立趣意書、事業目論見書、收支豫算書、定款、營業報告、事業計畫說明等一覽調查課〉（1940-01-01），《臺灣拓殖株式會社》，國史館臺灣文獻館，典藏號：002-00484。

〈星規那產業株式會社、株式會社南興公司、南日本鹽業株式會社、東邦金屬製鍊株式會社、拓洋水產株式會社、臺東興發株式會社、臺灣化成工業株式會社營業報告書經理課〉（1937-01-01），《臺灣拓殖株式會社》，國史館臺灣文獻館，典藏號：002-02436。

（二）專著

《臺北州施設事項調查資料——有關水產業施設事項的調查決定要項》，出版項目不詳。

二野瓶德夫，《日本漁業近代史》，東京都：株式會社平凡社，1999年。

山本三生等編輯，《日本地理大系・臺灣篇》，東京都：改造社，1930年。

川添修平編輯，《昭和十二年基隆市產業要覽》，基隆市：基隆市役所，1937。

中島新一郎，《基隆市案內》，基隆市：基隆市役所，1930年。

片山房吉，《大日本水產史》，東京都：有明書房，1983年，本書完成於1937年。

史野謙三編輯，《昭和十三年基隆市產業要覽》，基隆市：基隆市役所，1939年。

伊藤祐雄編纂，《臺灣水產概況》，臺北市：臺灣總督府民政部殖產局，1907年。

吉川精馬編輯，《大正十四年版臺灣經濟年鑑》，臺北市：實業之臺灣社，1925年。

竹本伊一郎編輯,《昭和十八年臺灣會社年鑑》,臺北市:臺灣經濟研究會,1942年。

竹本伊一郎編輯,《昭和十年版臺灣會社年鑑》,臺北市:臺灣經濟研究會,1934年。

佐佐木武治編輯,《臺灣の水產》,臺北市:臺灣水產會,1935年。

佐佐木武治編輯,《臺灣水產要覽》,臺北市:臺灣水產會,1933年版。

佐佐木武治編輯,《臺灣水產要覽》,臺北市:臺灣水產會,1940年版。

兒玉政治、友寄隆英,《鰹節製造試驗復命書》,臺北市:臺灣總督府殖產局,1924年。

兒玉政治,《臺灣產鰹節ニ就テ》,臺北市:臺灣總督府殖產局,1929年。

岡本一郎,《基隆商工名鑑(昭和十一年九月現在)》,臺北市:三協社,1936年。

岡本信男,《近代漁業發達史》,東京都:株式會社水產社,1965年。

岩崎小虎編輯,《臺灣水產要覽》,臺北市:臺灣水產會,1930年版。

宮上龜七,《北臺灣の水產》,臺北市:臺灣水產協會,1925年。

桑原政夫編輯,《昭和九年基隆市產業要覽》,基隆市:基隆市役所,1934年。

桑原政夫編輯,《昭和八年基隆市產業要覽》,基隆市:基隆市役所,1933年。

桑原政夫編輯,《昭和十一年基隆市產業要覽》,基隆市:基隆市役所,1936年。

桑原政夫編輯,《昭和十年基隆市產業要覽》,基隆市:基隆市役所,1935年。

高　宇,《戰間期日本の水產物流通》,東京都:日本經濟評論社,2009年。

高雄市役所,《昭和十五年版高雄市產業要覽》,高雄市:該市役所,
　　　1940年。
高雄市役所,《高雄市商工案內》,高雄市:該市役所,1937年。
高雄市役所,《高雄市勢要覽(昭和九年版)》,高雄市:該市役所,
　　　1934年。
高雄州,《昭和三年高雄州管內概況及事務概要》,高雄市:該州,
　　　1929年。
高雄州,《昭和六年度高雄州水產試驗調查報告》,高雄市:該州,
　　　1933年。
高雄州,《高雄州水產試驗調查報告》,第一卷,高雄市:該州,1927
　　　年;第二卷(大正13年度),1929年;第三卷(大正14年度),
　　　1929年。
高雄州,《高雄州產業調查會水產部資料》,高雄市:該市,1936年。
高雄州,《高雄州產業調查會答申書》,高雄市:該市,1936年。
高雄州水產會,《高雄州水產要覽》,1930-1940年版。
基隆市役所,《基隆市產業要覽》,基隆市:該所,1933年
臺北州水產試驗場,《臺北州の水產》,基隆市:該試驗場,1935年。
臺灣水產會,《臺灣名產カラスミの話》,臺北市:該會,1930年。
臺灣水產會,《昭和十二年五月末日現在臺灣に於ける動力付漁船々
　　　名錄》,臺北市:該水產會,1937。
臺灣水產會編,〈昭和三年十二月末現在臺灣在籍發動機附漁船々名
　　　錄〉,《臺灣水產雜誌》第158號(1929年3月),附錄頁1-38。
臺灣水產會編,〈昭和五年五月末臺灣發動機附漁船々名錄〉,《臺灣
　　　水產雜誌》第175號(1930年8月),附錄頁1-46。
臺灣總督府,《臺灣總督府事務成績提要》,各年度。
臺灣總督府土木局高雄出張所編,《高雄築港誌》,出版項目不詳。

臺灣總督府土木部，《打狗築港》，臺北：臺灣總督府，1912年。
臺灣總督府民政部文書課，《(明治二十九年)臺灣總督府民政事務成績提要第二篇》，臺北市：成文出版社，1985年重印本。
臺灣總督府民政部文書課，《(明治三十五年分)臺灣總督府民政事務成績提要第八篇》，臺北市：成文出版社，1985年重印本。
臺灣總督府民政部殖產局，《臺灣水產案內》，臺北：該局，1916年。
臺灣總督府交通局鐵道部，《鐵道要覽》，各年度。
臺灣總督府殖產局，《工場名簿》，各年度。
臺灣總督府殖產局，《臺灣之水產》，臺北市：臺灣總督府，1920年。
臺灣總督府殖產局，《臺灣水產要覽》，臺北市：臺灣總督府，1925年版。
臺灣總督府殖產局，《臺灣水產要覽》，臺北市：臺灣總督府，1928年版。
臺灣總督府編，《臺灣總督府事務成績提要》，計47編，各年度。
臺灣總督府編纂，《臺灣貿易二十五年對照表(從明治二十九年至大正九年)》，臺北市：臺灣總督府財務局稅務課，1922年。
橋本白水，《評論臺灣之事業》，臺北市：臺灣出版社，1920年
濱田龜一郎，《高雄漁港とその陸上設備》，高雄市：高雄魚市株式會社，1930年。
臨時臺灣總督府工事部，《基隆築港誌》，臺北：該部，1916年。

(三)期刊論文

〈本島の水產試驗と水產業の獎勵〉，《臺灣之水產》第3號，臺北：臺灣總督府民政部殖產局，1915年。
〈基隆魚市場新築落成式〉，《臺灣水產雜誌》第232號，1934年7月。
井上敏孝，〈1910-1925年期基隆の漁港整備事業の研究〉，《現代台灣研究》第38號，2010年9月。

井上敏孝,〈日本統治時代の基隆築港事業:港勢の変遷と基隆港における輸移出入状況を中心に〉,《現代台湾研究》第40號,2011年9月。

井上敏孝,〈台湾総督府の港湾政策に関する一政策:基隆港・高雄港の南北1港への「集中主義」方針を中心に〉,《現代台湾研究》第36號,2009年9月。

井上敏孝,〈台湾総督府の築港事業〉,《東洋史訪》第18號,2011年12頁。

副島伊三,〈本島に於ける製氷業並に漁業用氷消費に就いて〉,《臺灣水產雜誌》第227號,1934年2月。

笠間晴雄,〈臺灣に於ける製氷業の現況〉,《臺灣水產雜誌》第125號,1926年6月。

臺灣總督府殖產局,〈冷藏貨車鮮魚運搬試驗報告〉,《臺灣水產雜誌》第5號,1916年5月。

(四)學位論文

西村一之,〈台湾東部における漁民社会の民族誌の研究國立政治大學台灣史研究所近海メカジキ突棒漁業の導入と展開をめぐる人的関係を中心として國立政治大學台灣史研究所〉,筑波:筑波大學人文社會科學研究科博士論文,2005年。

(五)報紙、雜誌、會報、年月報

《高雄州水產會報》。
《漢文臺灣日日新報》。
《臺灣日日新報》。
《臺灣水產雜誌》。

《臺灣商工月報》。

臺灣總督府交通局鐵道部，《臺灣總督府交通局鐵道部第三十八年報　昭和十一年度》，臺北市：該部，1937年。

臺灣總督府交通局鐵道部，《臺灣總督府鐵道年報　昭和十二年度》，臺北市：該部，1938年。

臺灣總督府交通局鐵道部，《臺灣總督府交通局鐵道部　昭和十三年度年報》，臺北市：該部，1939年。

臺灣總督府交通局鐵道部，《臺灣總督府交通局鐵道部　昭和十四年度年報》，臺北市：該部，1940年。

臺灣總督府交通局鐵道部，《臺灣總督府交通局鐵道部　昭和十六年度年報》，臺北市：該部，1942年。

（六）統計書

《臺北州統計書》，各年度。

《臺灣水產統計》，各年度。

《臺灣外國貿易年表》，1910-1918年。

《臺灣常住戶口統計》，1934-1939年。

《臺灣現住戶口統計》，1932-1933年。

《臺灣貿易年表》，1919-1942年。

《臺灣總督府統計書》，各年度。

臺灣總督府財務局，《臺灣貿易四十年表（1896-1935）》，臺北市：該局，1936年。

臺灣總督府殖產局，《大正九年臺灣水產統計年鑑》，臺北市：該局，1922年。

臺灣總督府殖產局，《大正十一年臺灣水產年鑑》，臺北市：該局，1924年。

臺灣總督府殖產局水產課,《臺灣水產統計》,1929-1943年度。
臺灣總督府殖產局水產課調查,《昭和三年臺灣水產統計書》,臺北市:臺灣水產會,1929年。

(七)地圖

《大日本職業別明細圖:基隆市（1929版）》
小松豐,《大日本職業別明細圖──基隆市》,臺北州:東京興信交通社,1933年。

附錄

附表1　1930年臺灣有關漁船修造船場概況

名稱	所在地	事業主	營業項目	職工數	事業開始年月
基隆船渠株式會社工場	基隆市牛稠港	代表者：近江時五郎	造船、鑛山用機械	200	1919.06
合資會社山村造船鐵工所	基隆市三沙灣	代表者：山村為平	造船	7	1900.02
臺灣倉庫株式會社船舶工場	基隆市大沙灣	代表者：三卷俊夫	造船	6	1920.11
岡崎造船鐵工所	基隆市社寮（社寮島）	岡崎榮太郎	造船	9	1922.01
山本造船所	基隆市社寮（社寮島）	田尻與八郎	造船	10	1929.02
垰造船所	基隆市社寮（八尺門）	垰數登	造船	10	1922.01
荒木造船鐵工所	基隆市社寮（八尺門）	荒木孝三郎	造船	13	1917.10
名田造船所	基隆市社寮（八尺門）	名田為吉	造船	7	1923.04
大內造船所	基隆市社寮（八尺門）	大內十郎	造船	7	1927.01

名稱	所在地	事業主	營業項目	職工數	事業開始年月
久野造船所	基隆市社寮（八尺門）	久野佐八	造船	10	1921.10
辻造船所	基隆市社寮（八尺門）	辻為藏	造船	5	1917.10
福島造船所	蘇澳郡蘇澳庄	福島篆	造船	3	1927.12
蘇澳名田造船分工場	蘇澳郡蘇澳庄	高畑源七	造船	4	1927.11
蘇澳岡崎造船分工場	蘇澳郡蘇澳庄	岡崎榮太郎	造船	2	1925.10
臺南造船所	臺南市田町	山口萬次郎	造船	5	1928.06
共和鐵工所	臺南市田町	鄭天壽	石油發動機船修理	2	1929.01
龜澤造船所	高雄市哨船町	龜澤松太郎	造船	30	1913.03
廣島造船工場	高雄市旗後町	高垣阪次	造船	9	1924.05
光井造船工場	高雄市入船町	光井寬一	造船	8	1928.04
臺灣倉庫株式會社艀船工場	高雄市入船町	三卷俊夫	造船	14	1921.11
富重造船鐵工所	高雄市平和町	富重年一	造船	55	1919.04
興發鐵工場	鳳山郡鳳山街	葉氏烏番	石油發動機船修理	2	1928.06
澎湖鐵工場	澎湖廳馬公街	林澄清	發動機船修理	5	1930.09

說　　明：1.以上工場為擁有動力或是常時由5人以上職工使用設備的工場，或常時僱用5人以上職工的工場。2.職工皆為男性。
資料來源：臺灣總督府殖產局，《工場名簿（昭和五年）》（臺北州：該局，1932年），頁21-29。

附表2 1931年臺灣有關漁船修造船場概況

名稱	所在地	事業主	營業項目	職工數	事業開始年月
基隆船渠株式會社工場	基隆市大正町	代表者：近江時五郎	船舶	197	1919.06
合資會社山村造船鐵工場	基隆市入船町	代表者：山村為平	造船	5	1900.02
臺灣倉庫株式會社船舶工場	基隆市真砂町	代表者：三卷俊夫	造船	6	1920.11
河島造船場	基隆市濱町	河島繁市	造船	3	1926.01
井手本造船所	基隆市濱町	井手本大藏	造船	4	1931.01
名田造船所	基隆市濱町	名田為吉	造船	8	1923.04
大內造船所	基隆市濱町	大內十郎	造船	5	1927.01
荒本造船所	基隆市濱町	荒本考三郎	造船	16	1917.10
辻造船所	基隆市濱町	辻藤藏	造船	5	1917.10
垺造船所	基隆市濱町	垺數登	造船	15	1922.01
山本造船所	基隆市社寮町	田尻與八郎	船舶	9	1929.04
岡崎造船鐵工所	基隆市社寮町	岡崎榮太郎	船舶	7	1922.01
久野造船所	基隆市社寮町	久野佐八	船舶	8	1921.10
蘇澳名田造船分工場	蘇澳郡蘇澳庄	高畑源七	船舶	3	1927.11
蘇澳中島兄弟造船所	蘇澳郡蘇澳庄	中町繁春	船舶	4	1925.10
福島造船所	蘇澳郡蘇澳庄	福島簑	船舶	3	1927.12
臺南造船所工場	臺南市田町	山口萬次郎	石油發動機船	5	1928.06

名稱	所在地	事業主	營業項目	職工數	事業開始年月
菅原修理工場	臺南市田町	菅原梅吉	船舶用發動機修理、自動車修理	2	1921.10
龜澤造船所	高雄市哨船町	龜澤松太郎	木製船舶	23	1913.03
廣島造船工場	高雄市旗後町	高垣阪次	木製船舶	7	1924.05
臺灣倉庫株式會社船舶工場	高雄市入船町	代表者：三卷俊夫	木製船舶	14	1921.11
富重造船鐵工場	高雄市平和町	富重年一	木製船舶	39	1919.04
荻原造船工場	高雄市平和町	荻原重太郎	木製船舶	22	1931.01
光井造船工場	高雄市苓雅寮	光井寬一	木製船舶	9	1928.04

說　　明：1.以上工場為擁有動力或是常時由5人以上職工使用設備的工場，或常時僱用5人以上職工的工場。2.職工皆為男性。
資料來源：臺灣總督府殖產局，《工場名簿（昭和六年）》（臺北州：該局，1933年），頁18-26。

附表3　1932年臺灣有關漁船修造船場概況

名稱	所在地	事業主	營業項目	職工數	事業開始年月
基隆船渠株式會社工場	基隆市大正町	代表者：近江時五郎	造船	197	1919.06
合資會社山村造船鐵工所	基隆市入船町	代表者：山村為平	造船	10	1900.01
臺灣倉庫株式會社造船工場	基隆市真砂町	代表者：三卷俊夫	造船	6	1920.11
河島造船所	基隆市濱町	河島繁市	造船	3	1926.01

名稱	所在地	事業主	營業項目	職工數	事業開始年月
井手本造船所	基隆市濱町	井手本大藏	造船	5	1931.11
名田造船所	基隆市濱町	名田為吉	造船	8	1923.04
荒本造船所	基隆市濱町	荒本考三郎	造船	13	1917.10
大內造船所	基隆市濱町	大內十郎	造船	5	1927.01
埠造船所	基隆市濱町	埠數登	造船	9	1922.01
岡崎造船所	基隆市社寮町	岡崎榮太郎	造船	6	1922.01
久野造船所	基隆市社寮町	久野佐八	造船	5	1921.10
辻造船所	基隆市社寮町	辻藤藏	造船	4	1932.08
山本造船所	基隆市社寮町	田尻與八郎	造船	3	1929.04
中町造船所	蘇澳郡蘇澳庄	中田喜之衛	造船	4	1925.10
名田造船所	蘇澳郡蘇澳庄	高畑源太郎	造船	2	1927.11
福島造船所	蘇澳郡蘇澳庄	福島簝	造船	4	1927.12
富重造船鐵工場	高雄市平和町	富重年一	造船	40	1919.04
龜澤造船鐵工場	高雄市哨船町	龜澤松太郎	造船	23	1913.03
光井造船鐵工場	高雄市苓雅寮	光井寬一	造船	10	1928.04
廣島造船所	高雄市旗後町	高垣垣次	造船	13	1924.04
荻原造船所	高雄市平和町	荻原重太郎	造船	15	1931.01
金義成造船所	高雄市平和町	許正玉	造船	8	1932.03
臺灣倉庫株式會社修理工場	高雄市入船町	代表者 三卷俊夫	造船	13	1921.11

說　明：1.以上工場為擁有動力或是常時由5人以上職工使用設備的工場，或常時僱用5人以上職工的工場。2.職工皆為男性。

資料來源：臺灣總督府殖產局，《昭和七年工場名簿》（臺北州：該局，1934年），頁17-26。

附表4　1934年臺灣有關漁船修造船場概況

名稱	所在地	事業主	營業項目	職工數	事業開始年月
基隆船渠株式會社工場	基隆市大正町	代表者：近江時五郎	造船及修理	237	1919.06
荒本造船所	基隆市濱町	荒本孝三郎	造船及修理	12	1917.10
埒造船所	基隆市濱町	埒數登	造船及修理	8	1922.01
河島造船所	基隆市濱町	河島繁市	造船及修理	3	1926.01
大內造船所	基隆市濱町	大內重郎	造船及修理	6	1927.01
名田造船所	基隆市濱町	名田為吉	造船及修理	15	1923.04
合資會社山村造船鐵工所	基隆市濱町	代表者：山村為平	造船及修理	12	1898.01
井手本造船所	基隆市濱町	井手本マキ	造船及修理	4	1873.11
久野造船所	基隆市社寮町	久野佐八	造船及修理	4	1921.10
辻造船所	基隆市社寮町	辻藤藏	造船及修理	2	1917.1
岡崎造船鐵工所	基隆市社寮町	岡崎榮太郎	造船及修理	10	1922.01
山本造船所	基隆市社寮町	田尻與八郎	造船及修理	11	1929.04
臺灣倉庫株式會社船舶工場	基隆市社寮町	代表者：三卷俊夫	造船及修理	6	1920.11
中町造船所	蘇澳郡蘇澳庄	中町喜之衛	日本形石油發動機付漁船	4	1925.10
名田造船分工場	蘇澳郡蘇澳庄	高畑源太郎	日本形石油發動機付漁船	5	1927.11
福島造船所	蘇澳郡蘇澳庄	福島簇	日本形石油發動機付漁船	4	1927.12

名稱	所在地	事業主	營業項目	職工數	事業開始年月
管原修理工場	臺南市田町	管原梅吉	船舶發動機修理	6	1921.10
富重造船鐵工所	高雄市平和町	富重年一	造船	64	1919.04
廣島造船工場	高雄市旗後町	高垣坂次	造船	9	1924.04
振豐造船工場	高雄市旗後町	曾強	造船	5	1934.01
金義成造船工場	高雄市平和町	許媽成	造船	9	1932.03
荻原造船工場	高雄市平和町	荻原重太郎	造船	19	1931.01
光井造船工場	高雄市苓雅寮	光井寬一	造船	12	1928.04
龜澤造船工場	高雄市哨船町	龜澤松太郎	造船	29	1927.03
臺灣倉庫株式會社修理工場	高雄市入船町	代表者：三卷俊夫	造船	7	1921.11

說　明：1.以上工場為擁有動力或是常時由5人以上職工使用設備的工場，或常時僱用5人以上職工的工場。2.職工皆為男性。
資料來源：臺灣總督府殖產局，《工場名簿（昭和九年）》（臺北州：該局，1936年），頁13-23。

附表5　1936年臺灣有關漁船修造船場概況

名稱	所在地	事業主	營業項目	職工數	事業開始年月
基隆船渠株式會社	基隆市大正町	近藤時五郎	船舶	306	1919.06
名田造船所	基隆市濱町	名田為吉	造船及修理	20	1923.04
合資會社山村造船鐵工所	基隆市濱町	山村為平	造船及修理	7	1898.01
濱崎造船所	基隆市濱町	濱崎浦太	造船及修理	14	1926.01

名稱	所在地	事業主	營業項目	職工數	事業開始年月
太內造船所	基隆市濱町	大內重郎	造船及修理	9	1927.01
荒木造船所	基隆市濱町	荒木正	造船及修理	17	1917.10
丸共造船所	基隆市濱町	米滿喜市	造船及修理	10	1931.11
垰造船所	基隆市濱町	垰數登	造船及修理	8	1922.01
久野造船所	基隆市社寮町	久野佐八	造船及修理	9	1921.10
岡崎造船鐵工所	基隆市社寮町	岡崎榮太郎	造船及修理	7	1922.01
垰造船所	基隆市社寮町	垰友太郎	造船及修理	8	1924.06
山本造船所	基隆市社寮町	山本喜代次郎	造船及修理	16	1935.04
臺灣倉庫株式會社船舶工場	基隆市社寮町	三卷俊夫	造船及修理	6	1920.11
山口造船所	蘇澳郡蘇澳庄	山口三吉	日本形石油發動機漁船	6	1925.10
高畑造船所	蘇澳郡蘇澳庄	高畑源太郎	日本形石油發動機漁船	6	1927.11
福島造船所	蘇澳郡蘇澳庄	福島簔	日本形石油發動機漁船	7	1927.12
須田造船所	臺南市田町	代表者：須田義次郎	漁船	24	1914.10
富重造船鐵工所	高雄市平和町	代表者：富重年一	船舶新造及修理	118	1919.04
光井造船所	高雄市平和町	光井寬一	團平船漁船（發動機付）	9	1928.04
萩原造船鐵工所	高雄市平和町	萩原重太郎	團平船漁船（發動機付）	26	1931.01

名稱	所在地	事業主	營業項目	職工數	事業開始年月
龜澤造船工場	高雄市哨船町	龜澤松太郎	團平船漁船（發動機付）	28	1914.03
振豐造船工場	高雄市旗後町	曾強	發動機付漁船	8	1934.01
廣島造船工場	高雄市旗後町	高垣坂次	發動機付漁船	20	1924.04
臺灣倉庫株式會社修理工場	高雄市入船町	代表者：三卷俊夫	團平船及發動機付船舶修理	13	1921.11
川越造船所	臺東廳新港區	川越富吉	漁船修繕	2	1934.12

說　明：1.以上工場為擁有動力或是常時由5人以上職工使用設備的工場，或常時僱用5人以上職工的工場。2.職工皆為男性。

資料來源：臺灣總督府殖產局，《工場名簿（昭和十一年）》（臺北市：該局，1938年），頁13-27。

附表6　1937年臺灣有關漁船修造船場概況

名稱	所在地	事業主	營業項目	職工數	事業開始年月
臺灣船渠株式會社工場	基隆市大正町	刈谷秀雄	船舶製造、修理	321	1919.02
大島鐵工所	基隆市入船町	大島利吉	船舶修理	26	1917.08
大島鐵工所分工場	基隆市社寮町	大島利吉	船舶修理	29	1934.04
合資會社基隆工作所	基隆市入船町	川本稔	本船、發動機修理	17	1936.07
合名會社基隆造船鐵工所	基隆市真砂町	岡本德太郎	汽船、石油發動機修繕	16	1924.08

名稱	所在地	事業主	營業項目	職工數	事業開始年月
垰造船所	基隆市濱町	垰數登	小蒸氣修繕、發動機修繕	11	1922.01
合資會社山村造船鐵工所	基隆市濱町	山村為平	石油發動機塵船新造	6	1898.01
名田造船所	基隆市濱町	名田為吉	西洋型200馬力柴油引擎付漁船	20	1923.04
河島造船所	基隆市濱町	河島繁市	小型漁船修繕	7	1926.01
丸共造船所	基隆市濱町	米滿喜市	小型漁船修繕	7	1931.11
荒本造船所	基隆市濱町	荒本正	日本型漁船修理	14	1917.1
大內造船所	基隆市濱町	大內重郎	日本型團平船	10	1927.01
岡崎造船鐵工所	基隆市社寮町	岡崎榮太郎	石油發動機修繕	13	1922.01
垰造船所	基隆市社寮町	垰友太郎	艀船	7	1924.06
臺灣倉庫株式會社船舶工場	基隆市社寮町	三卷俊夫	艀船	5	1920.11
久野造船所	基隆市社寮町	久野佐八	發動機付漁船修理	9	1921.1
山本造船所	基隆市社寮町	山本喜代次郎	卷上船架、日本型發動機付漁船	6	1935.04
山口造船所	蘇澳郡蘇澳庄	山口三吉	日本型石油發動機付漁船	6	1925.1
高畑造船所	蘇澳郡蘇澳庄	高畑源太郎	日本型石油發動機付漁船	4	1927.11

名稱	所在地	事業主	營業項目	職工數	事業開始年月
福島造船所	蘇澳郡蘇澳庄	福島松枝	日本型石油發動機付漁船	5	1927.12
須田造船所工場	臺南市田町	代表者：須田義次郎	船舶新造及修理	33	1914.1
富重造船鐵工所	高雄市平和町	富重年一	船舶新造及修理	69	1919.04
龜澤造船工場	高雄市哨船町	龜澤松太郎	發動機付漁船團平船	24	1914.03
振豐造船工場	高雄市旗後町	曾強	發動機付漁船團平船	6	1934.01
廣島造船工場	高雄市旗後町	高垣坂次	發動機付漁船團平船	13	1924.04
高雄造船鐵工所	高雄市平和町	林成	發動機付漁船團平船	23	1937.08
光井造船所	高雄市平和町	光井寬一	發動機付漁船團平船	16	1928.04
台灣倉庫株式會社修理工場	高雄市平和町	代表者：三卷俊夫	發動機付漁船團平船	10	1921.11
萩原造船鐵工所	高雄市平和町	萩原重太郎	發動機付漁船團平船	30	1931.01
藍木鐵工所	澎湖聽馬公街	藍木	船舶修繕建築金物	8	1920.01
耀金鐵工所	澎湖聽馬公街	藍鈘鋑	船舶修繕建築金物	7	1932.04
澎湖鐵工所	澎湖聽馬公街	林雲	船舶修繕建築金物	5	1930.09

名稱	所在地	事業主	營業項目	職工數	事業開始年月
山崎鐵工所	澎湖廳馬公街	山崎仁七	船舶修繕建築金物	4	1921.03
川越造船所	臺東廳新港郡新港庄	川越富吉	漁船新造及修繕	2	1934.12

說　明：1.以上工場為擁有動力或是常時由5人以上職工使用設備的工場，或常時僱用5人以上職工的工場。2.職工皆為男性。

資料來源：臺灣總督府殖產局，《工場名簿（昭和十二年）》（臺北市：該局，1939年），頁11-24。

附表7　1938年臺灣有關漁船修造船場概況

名稱	所在地	事業主	營業項目	職工數	事業開始年月
臺灣船渠株式會社工場	基隆市大正町	刈谷秀雄	船舶、機械同部分品修理	333	1919.06
大島鐵工場	基隆市入船町	大島利吉	船舶機械部分品	12	1917.08
合資會社基隆工作所	基隆市入船町	川本稔	船舶機械修理	41	1927.07
飛田商會	基隆市元町	飛田稔	汽艇發動機及其他修理	4	1933.04
合名會社基隆造船鐵工所	基隆市真砂町	岡本德太郎	機械部分品	17	1924.08
埖造船所	基隆市濱町	埖數登	造船及修理	9	1922.01
山村造船鐵工所	基隆市濱町	山村為平	造船及修理	8	1898.01
名田造船所	基隆市濱町	石田為吉	造船及修理	24	1923.04
河島造船所	基隆市濱町	河島繁市	造船及修理	6	1921.06

名稱	所在地	事業主	營業項目	職工數	事業開始年月
荒本造船所	基隆市濱町	荒本正	造船及修理	15	1917.10
大內造船所	基隆市濱町	大內重郎	造船及修理	10	1927.01
合資會社東隆鑄物工所	基隆市濱町	賴連才	造船發動機	15	1936.10
大島鐵工所分工場	基隆市社寮町	大島利吉	船舶、機械部分品（修理）發動機	45	1934.04
岡崎造船鐵工所	基隆市社寮町	岡崎榮太郎	造船及修理	24	1922.01
埒造船所	基隆市社寮町	埒友太郎	造船	8	1924.06
臺灣倉庫株式會社船舶工廠	基隆市社寮町	三卷俊夫	造船及修理	7	1920.11
久野造船所	基隆市社寮町	久野佐八	造船及修理	13	1921.10
山本造船所	基隆市社寮町	山本喜代治郎	造船及修理	10	1935.04
山口造船所	蘇澳郡蘇澳庄	山口三吉	日本形石油發電機漁船及修理	5	1925.10
高畑造船所	蘇澳郡蘇澳庄	高畑源太郎	日本形石油發電機漁船及修理	3	1930.11
福島造船所	蘇澳郡蘇澳庄	福島松枝	日本形發動機漁船及修理	5	1927.12
南海造船所	蘇澳郡蘇澳庄	陳來福	造船及修理	5	1937.01
須田造船所	臺南市田町	須田義次郎	漁船、水產試驗船	79	1928.08
龜澤造船所	高雄市哨船町	龜澤松太郎	漁船修理	22	1914.03

名稱	所在地	事業主	營業項目	職工數	事業開始年月
臺灣船渠株式會社高雄工廠	高雄市旗後町	代表者：刈谷秀雄	船舶修繕	50	1938.09
振豐造船工場	高雄市旗後町	曾強	漁船修理	7	1934.01
廣島造船工場	高雄市旗後町	高垣坂次	漁船修理	11	1923.04
富重造船鐵工所	高雄市平和町	富重年一	船舶修繕	86	1919.04
萩原造船鐵工所	高雄市平和町	萩原重太郎	漁船修理	76	1931.01
台灣倉庫艀船修理工場	高雄市平和町	代表者：三卷俊夫	艀船修理	23	1921.11
光井造船所	高雄市平和町	光井寬一	艀船修理	23	1928.04
高雄造船鐵工所	高雄市平和町	林成	漁船修理	33	1937.02
藍木鐵工所	澎湖廳馬公街馬公	藍木	船舶修繕	6	1920.01
山崎鐵工所	澎湖廳馬公街馬公	山崎仁七	船舶修繕	2	1921.03
耀金鐵工所	澎湖廳馬公街馬公	藍鋠鈴	船舶修繕	9	1932.04

說　明：1.以上工場為擁有動力或是常時由5人以上職工使用設備的工場，或常時僱用5人以上職工的工場。2.職工皆為男性，惟合資會社基隆工作所、山村造船鐵工所、富重造船鐵工所分別有1名、1名、2名女性職工。
資料來源：臺灣總督府殖產局，《工場名簿（昭和十三年）》（臺北市：該局，1940年），頁11-24。

史學研究叢書 0600001

日治時期臺灣水產關聯產業之研究

作　　　者	王俊昌
責任編輯	林以邠
特約校對	黃佳宜
發 行 人	林慶彰
總 經 理	梁錦興
總 編 輯	張晏瑞
編 輯 所	萬卷樓圖書股份有限公司
	臺北市羅斯福路二段 41 號 6 樓之 3
	電話 (02)23216565
	傳真 (02)23218698
發　　　行	萬卷樓圖書股份有限公司
	臺北市羅斯福路二段 41 號 6 樓之 3
	電話 (02)23216565
	傳真 (02)23218698
	電郵 SERVICE@WANJUAN.COM.TW
香港經銷	香港聯合書刊物流有限公司
	電話 (852)21502100
	傳真 (852)23560735

ISBN 978-626-386-272-2
2025 年 5 月初版
定價：新臺幣 360 元

如何購買本書：

1. 轉帳購書，請透過以下帳戶
   合作金庫銀行　古亭分行
   戶名：萬卷樓圖書股份有限公司
   帳號：0877717092596

2. 網路購書，請透過萬卷樓網站
   網址 WWW.WANJUAN.COM.TW

大量購書，請直接聯繫我們，將有專人為您服務。客服：(02)23216565 分機 610

如有缺頁、破損或裝訂錯誤，請寄回更換
版權所有‧翻印必究
Copyright©2025 by WanJuanLou Books CO., Ltd.
All Rights Reserved　　Printed in Taiwan

國家圖書館出版品預行編目資料

日治時期臺灣水產關聯產業之研究/王俊昌著.
-- 初版.-- 臺北市：萬卷樓圖書股份有限公司, 2025.05
　面；　公分. --(史學研究叢書 ; 0600001)
ISBN 978-626-386-272-2(平裝)

1.CST: 漁業經濟 2.CST: 漁港 3.CST: 水產業經營 4.CST: 日據時期

438.2　　　　　　　　　　　114006574